轻 松 学

精品图书
+

视频教学
+

海量赠品
+

网络服务

—轻松学

Photoshop
数码相片处理

刘兰英 ◎ 主编

东南大学出版社

内容简介

本书是《轻松学》系列丛书之一，全书以通俗易懂的语言、翔实生动的实例，全面介绍使用Photoshop CS4处理数码照片的方法和技巧。本书共分9章，内容涵盖了数码照片处理相关知识，照片基本处理方法，照片色彩的调整与校正，问题照片处理方法，人物照片和景物照片处理技巧，照片效果艺术化处理，照片效果特殊修饰，数码照片输出等内容。

本书采用图文并茂的方式，使读者能够轻松上手。全书双栏紧排，双色印刷，同时配以制作精良的多媒体互动教学光盘，让读者学以致用，达到最佳的学习效果。此外，配套光盘中免费赠送海量学习资源库，其中包括3～4套与本书内容相关的多媒体教学演示视频。

本书面向电脑爱好者，是广大电脑初级、中级、家庭电脑用户和老年电脑爱好者的首选参考书。

图书在版编目（CIP）数据

Photoshop数码相片处理/刘兰英主编. —南京：东南
大学出版社，2010.4
（"轻松学"系列/刘兰英主编）
ISBN 978-7-5641-2169-3

Ⅰ.①P… Ⅱ.①刘… Ⅲ.①图形软件，Photoshop
Ⅳ.①TP391.41

中国版本图书馆CIP数据核字（2010）第063427号

Photoshop数码相片处理

出版发行	东南大学出版社
社　　址	南京市四牌楼2号（邮编：210096）
出 版 人	江 汉
责任编辑	张绍来
经　　销	全国各地新华书店
印　　刷	江苏徐州新华印刷厂
开　　本	787 mm×1 092 mm　1/16
印　　张	12.75
字　　数	280
版　　次	2010年6月第1版
印　　次	2010年6月第1次印刷
定　　价	32.00元（含光盘）

*东大版图书若有印装质量问题，请直接与读者服务部调换，电话：025-83792328。

丛书序

学电脑有很多方法，更有很多技巧。一本好书不仅能让读者快速掌握基本知识、操作方法，还能让读者无师自通、举一反三。为此，东南大学出版社特别为电脑初学者精心打造了品牌丛书——《轻松学》。

本丛书采用全新的教学模式，力求在短时间内帮助读者精通电脑，达到全方位掌握的效果。本丛书挑选了最实用、最精炼的知识内容，通过详细的操作步骤讲解各种知识点，并通过图解教学和多媒体互动光盘演示的方式，让枯燥无味的电脑知识变得简单易学。力求让所有读者都能即学即用，真正做到满足工作和生活的需要。

 ## 丛书主要内容

本套丛书涵盖了电脑各个应用领域，包括电脑硬件知识、操作系统、文字录入和排版、办公软件、电脑网络、图形图像等，在涉及到软硬件介绍时选用应用面最广最为常用的版本为主要讲述对象。众多的图书品种，可以满足不同读者的需要。本套丛书主要包括以下品种：

《中文版Windows 7》	《五笔打字与Word排版5日速成》
《电脑入门(Windows XP+Office 2003+上网冲浪)》	《电脑组装·维护·故障排除》
《新手学电脑》	《Office 2007电脑办公速成》
《新手学上网》	《中文版Photoshop CS4图像处理》
《家庭电脑应用》	《Photoshop数码相片处理》
《老年人学电脑》	《网上购物与开店》

 ## 丛书写作特色

作为一套面向初中级电脑用户的系列丛书，《轻松学》丛书具有环境教学、图文并茂的写作方式，科学合理的学习结构，简练流畅的文字语言，紧凑实用的版式设计，方便阅读的双色印刷，以及制作精良的多媒体互动教学光盘等特色。

（1）双栏紧排，双色印刷

本套丛书由专业的图书排版设计师精心创作，采用双栏紧排的格式，合理的版式设计，更加适合阅读。在保证版面清新、整洁的前提下，尽量做到不在页面中留有空白区域，最大限度地增加了图书的知识和信息量。其中200多页的篇幅容纳了传统图书400多页的内容。从而在有限的篇幅内为读者奉献更多的电脑知识。

（2）结构合理，循序渐进

本套丛书注重读者的学习规律和学习心态，紧密结合自学的特点，由浅入深地安排章节内容，针对电脑初学者基础知识薄弱的状态，从零开始介绍电脑知识，通过图解完成各种复杂知识的讲解，让读者一学就会、即学即用。真正达到学习电脑知识不求人的效果。

（3）内容精炼，技巧实用

本套丛书中的范例都以应用为主导思想，编写语言通俗易懂，添加大量的"注意事项"

和"专家指点"。其中，"注意事项"主要强调学习中的重点和难点，以及需要特别注意的一些突出问题；"专家指点"则讲述了高手在电脑应用过程中积累的经验、心得和教训。通过这些注释内容，使读者轻松领悟每一个范例的精髓所在。

（4）图文并茂，轻松阅读

本套丛书采用"全程图解"讲解方式，合理安排图文结构，每个操作步骤均配有对应的插图，同时在图形上添加步骤序号及说明文字，更准确地对知识点进行演示。使读者在学习过程中更加直观、清晰地理解和掌握其中的重点。

 ## 光盘主要特色

丛书的配套光盘是一张精心制作的DVD多媒体教学光盘，它采用了全程语音讲解、情景式教学、互动练习、真实详细的操作演示等方式，紧密结合书中的内容对各个知识点进行深入的讲解，书盘结合，互动教学，达到无师自通的效果。

（1）功能强大，情景教学，互动学习

本光盘通过老师和学生关于电脑知识的学习展开教学，真实详细的动画操作深入讲解各个知识点，让读者轻松愉快、循序渐进地完成知识的学习。此外，在光盘特有的"模拟练习"模式中，读者可以跟随操作演示中的提示，在光盘界面上执行实际操作，真正做到了边学边练。

（2）操作简单，配套素材一应俱全

本光盘聘请专业人士开发，界面注重人性化设计，读者只需单击相应的按钮，即可进入相关程序或执行相关操作，同时提供即时的学习进度保存功能。光盘采用大容量DVD光盘，收录书中全部实例视频、素材和源文件、模拟练习，播放时间长达20多个小时。

（3）免费赠品，附赠多套多媒体教学视频

本光盘附赠大量学习资料，其中包括3～4套与本书教学内容相关的多媒体教学演示视频。让读者花最少的钱学到最多的电脑知识，真正做到物超所值。

 ## 丛书读者对象

本套丛书的读者对象为电脑爱好者，是广大电脑初级、中级、家庭电脑用户和中老年电脑爱好者，或学习某一应用软件的用户的首选参考书。

如果您在阅读图书或使用电脑的过程中有疑惑或需要帮助，可以通过我们的信箱（E-mail：qingsongxue@126.net）联系，本丛书的作者或技术人员会提供相应的技术支持。

前　言

　　如今，学电脑已经成为不同年龄层次的人群必须掌握的一门技能。为了使读者在短时间内轻松掌握电脑各方面应用的基本知识，并快速解决实际生活中遇到的各种问题，我们组织了一批教学精英和业内专家特别为电脑学习用户量身定制了这套《轻松学》系列丛书。

　　《Photoshop数码相片处理》是这套丛书中的一本，该书从读者的学习兴趣和实际需求出发，合理安排知识结构，由浅入深、循序渐进，通过图文并茂的方式讲解了Photoshop CS4在数码照片处理方面的各种应用技巧。全书共分为9章，主要内容如下：

　　第1章：介绍了数码照片处理相关知识、数码照片的获取方式、Photoshop CS4基础知识、数码照片的显示以及数码照片的存储应用。

　　第2章：介绍了Photoshop CS4中照片基本处理的方法和技巧。

　　第3章：介绍了Photoshop CS4中照片色彩的调整与校正的操作方法和技巧。

　　第4章：介绍了Photoshop CS4中处理问题照片处理方法和技巧。

　　第5章：介绍了Photoshop CS4中人物照片处理方法和技巧。

　　第6章：介绍了Photoshop CS4中景物照片处理方法和技巧。

　　第7章：介绍了Photoshop CS4中照片效果艺术化处理方法和技巧。

　　第8章：介绍了Photoshop CS4中照片效果特殊修饰方法和技巧。

　　第9章：介绍了Photoshop CS4中数码照片输出方法和使用Photoshop Lightroom应用程序制作幻灯片和Web画廊的操作方法。

　　此外，本书附赠一张精心开发的DVD多媒体教学光盘，它采用全程语音讲解、情景式教学、互动练习等方式，紧密结合书中的内容进行深入的讲解。让读者在阅读本书的同时，享受到全新的交互式多媒体教学。光盘附赠大量学习资料，其中包括3~4套与本书内容相关的多媒体教学演示视频。让读者即学即用，在短时间内掌握最为实用的电脑知识，真正达到轻松掌握，学电脑不求人的效果。

　　除封面署名的作者外，参加本书编写的人员还有王毅、孙志刚、李珍珍、胡元元、金丽萍、张魁、谢李君、沙晓芳、管兆昶、何美英等人。由于作者水平有限，本书难免有不足之处，欢迎广大读者批评指正。我们的联系信箱是chenxiaonj@126.net。

《轻松学》丛书编委会

2010年2月

CONTENTS 目录

第01章
数码相片处理相关知识

1.1 数码相片的处理原则 ················· **2**
　1.1.1 构图的运用 ················· 2
　1.1.2 色彩、色调的处理 ················· 4
1.2 数码相片的获取方式 ················· **5**
　1.2.1 通过扫描仪导入图像 ················· 5
　1.2.2 利用数码相机输入图像 ················· 5
1.3 Photoshop CS4基础知识 ················· **7**
　1.3.1 Photoshop CS4工作界面介绍 ········· 7
　1.3.2 Photoshop CS4工具介绍 ············· 9
　1.3.3 色彩调整菜单命令介绍 ············· 10
　1.3.4 处理相片常用滤镜介绍 ············· 12
　1.3.5 用Adobe Bridge筛选相片 ········· 13
1.4 数码相片的显示 ················· **15**
　1.4.1 打开相片 ················· 15
　1.4.2 相片属性的显示 ················· 16
　1.4.3 页面显示模式 ················· 18
1.5 数码相片的存储 ················· **19**
　1.5.1 相片存储格式 ················· 19
　1.5.2 存储相片 ················· 20
　1.5.3 关闭文件 ················· 20

第02章
相片图像基本处理

2.1 裁切相片图像 ················· **22**
　2.1.1 自定义相片尺寸 ················· 22
　2.1.2 去除画面中的多余部分 ············· 23
　2.1.3 改变构图比例 ················· 24

　2.1.4 按指定尺寸裁切 ················· 25
2.2 旋转相片图像 ················· **26**
　2.2.1 调整相片图像水平基准 ············· 26
　2.2.2 旋转、翻转相片图像 ················· 27
2.3 抠图技巧 ················· **28**
　2.3.1 使用通道抠图 ················· 28
　2.3.2 使用【钢笔】工具抠图 ············· 30
　2.3.3 使用【抽出】滤镜抠图 ············· 30
　2.3.4 使用图层蒙版抠图 ················· 31
　2.3.5 使用快速蒙版抠图 ················· 32
　2.3.6 使用【色彩范围】命令抠图 ········· 33
2.4 拼接全景图像相片 ················· **33**
　2.4.1 自动对齐图像 ················· 34
　2.4.2 使用Photomerge命令 ············· 36
　2.4.3 自动混合图像 ················· 37

第03章
相片色彩的调整与校正

3.1 相片色彩校正 ················· **40**
　3.1.1 自动校正处理 ················· 40
　3.1.2 修正相片色彩 ················· 41
　3.1.3 暖色调相片色彩还原 ················· 42
　3.1.4 增强相片色彩饱和度 ················· 43
　3.1.5 增强相片色彩层次 ················· 45
3.2 偏色相片的处理 ················· **46**
　3.2.1 使用【色阶】命令 ················· 46
　3.2.2 使用【曲线】命令 ················· 47
　3.2.3 使用【色彩平衡】命令 ············· 48
3.3 相片颜色效果处理 ················· **49**
　3.3.1 调整相片色调 ················· 49
　3.3.2 调整相片色温 ················· 50
　3.3.3 替换相片中颜色 ················· 50
　3.3.4 局部彩色效果 ················· 51
　3.3.5 制作黑白相片效果 ················· 52

3.4 **特殊色调相片处理** ···················· 53
　3.4.1 制作单色相片效果 ············· 53
　3.4.2 制作中性色调相片效果 ······· 55
　3.4.3 制作双色调相片效果 ··········· 57

5.4 **美白牙齿** ·································· 79
5.5 **美白肤色** ·································· 80
5.6 **人像上妆** ·································· 82
5.7 **更换服装颜色** ························· 83
5.8 **更换人像背景** ························· 84
5.9 **人像瘦身** ·································· 86

第04章
问题相片处理方法

4.1 **相片瑕疵处理** ························· 60
　4.1.1 去除多余对象 ··················· 60
　4.1.2 去除相片图像中的紫边 ······ 61
　4.1.3 去除红眼 ·························· 61
4.2 **相片图像修复** ························· 62
　4.2.1 修复褪色相片 ··················· 62
　4.2.2 修补损伤相片 ··················· 63
4.3 **提高图像清晰度** ····················· 64
　4.3.1 锐化相片图像 ··················· 64
　4.3.2 去除噪点 ·························· 65
　4.3.3 提高相片层次感 ················ 67
4.4 **光线问题处理** ························· 68
　4.4.1 调整曝光过度的相片 ·········· 68
　4.4.2 调整曝光不足的相片 ·········· 69
　4.4.3 调整逆光的相片 ················ 70
　4.4.4 调整单侧光源拍摄的相片 ···· 72
　4.4.5 调整大反差的相片 ············· 73

第06章
景物相片处理技巧

6.1 **制作小景深效果** ····················· 88
6.2 **制作倒影效果** ························· 89
6.3 **制作飞驰效果** ························· 91
6.4 **制作灯光效果** ························· 92
6.5 **制作薄雾效果** ························· 93
6.6 **制作热气效果** ························· 94
6.7 **制作飘雪效果** ························· 97
6.8 **制作雨中效果** ························· 100
6.9 **添加蓝天白云效果** ·················· 103

第07章
相片效果艺术化处理

7.1 **制作LOMO相片效果** ·············· 108
7.2 **制作反转负冲效果** ·················· 111
7.3 **制作怀旧效果** ························· 113
7.4 **制作铅笔画效果** ····················· 117
7.5 **制作速写效果** ························· 120
7.6 **制作油画效果** ························· 121
7.7 **制作印刷效果** ························· 123
7.8 **制作扫描线效果** ····················· 125

第05章
人物相片处理技巧

5.1 **人像祛斑** ·································· 76
5.2 **人像去皱** ·································· 76
5.3 **去除眼袋** ·································· 78

7.9 制作拼贴效果 126

7.10 制作刮痕效果 127

7.11 制作水珠效果 129

7.12 黑白转彩色 135

8.9 制作瓷砖效果 160

8.10 制作撕纸效果 163

第09章

数码相片输出

9.1 数码相片的打印输出 168

9.1.1 打印纸的选择 168

9.1.2 打印自己的数码相片 168

9.2 数码相片的冲印输出 170

9.3 使用Photoshop Lightroom 171

9.3.1 Lightroom工作区 171

9.3.2 导入相片 172

9.3.3 使用Lightroom处理相片 176

9.3.4 制作幻灯片 178

9.3.5 制作Web画廊 186

第08章

相片效果特殊修饰

8.1 制作折痕效果 138

8.2 制作卷边效果 141

8.3 制作邮票效果 146

8.4 制作冰裂效果 148

8.5 制作沙化效果 150

8.6 制作残旧效果 152

8.7 制作编织效果 155

8.8 制作木纹相框 158

Chapter 01

数码相片处理相关知识

随数码相机的普及，人们对数码相片质量的要求越来越高。要获得高质量的相片，除了提高拍摄技术外，还可以通过专业的图像处理软件对相片进行后期的处理。

- 数码相片的处理原则
- 数码相片的获取方式
- Photoshop CS 4基础知识
- 数码相片的显示
- 数码相片的存储

▶ 参见随书光盘

例1-2 对相片图像进行筛选
例1-3 重命名相片图像
例1-4 打开相片图像

1.1 数码相片的处理原则

数码相片的基本处理原则包括构图、色彩、色调的调整。这三点是构成理想效果相片的要素，是处理相片前应该考虑的问题。

1.1.1 构图的运用

拍摄构图往往会引发相片中主题是否突出，感觉是否平衡，是否有韵律感等诸多问题。因而，拍摄构图是影响相片体现内容表达和艺术效果的重要因素。要在小小的取景窗中把所看到的客观对象有意识地组织安排在画面里，使主题思想得到充分完善的表达，就应当了解一些常用的构图方法。

1. 摄影中的构图

在拍摄相片的过程中，前人总结出了相当多的构图方法，供我们学习参考，最常用的构图方式有以下几种。

九宫格构图，有时也称为井字构图，它实际上属于黄金分割的一种形式。就是把画面平均分成9块，在中心4点的任意一点放置主体。这几个点都符合【黄金分割规律】，是最佳的位置。同时还应考虑平衡、对比等因素。采用这种构图法拍摄的主题，通常给人十分平稳、舒服的视觉感受。

十字形构图就是把画面分成4份，也就是通过画面中心画横竖两条线，中心交叉点用于放置主体对象。此种构图使画面充满安全感、

平和感、庄重感，但也存在着呆板、单调等不利因素。因此，在使用时要注意焦点中心的位置最好不要在画面的正中心。

三角形构图即在画面中将所表达的主题放在无形的三角形中，或主题本身形成三角形的态势。这种构图方式使视觉流程无形中产生循环。人们在观看三角形构图的相片时，会以通常的视觉流程习惯来欣赏相片，在相片中发现主题以外更多有趣的小细节，产生一种视觉趣味。而且三角形构图具有一种结构的稳定感，可用于不同题材的拍摄。

三分法构图是指把画面分为3份，这种构图适宜表现多形态平行焦点的主题，也可以表现大空间，如用于全景图的拍摄。这种构图方

式使画面感觉简练、表现鲜明。

S形构图在所有构图方式中最具优美感和流畅感。S形构图中的曲线增强了画面动感效果，并且有延伸的感觉，让人觉得平稳且舒展，适用于各种幅面的画面，主要根据拍摄的题材来选择。表现拍摄题材时，远景俯拍效果最佳，在拍摄山川、河流、地域等自然的起伏变化时是最常用到的，也可表现众多的人、动物、物体的曲线排列变化以及其他各种自然、人工所形成的形态。

框式构图一般多应用在前景构图中，如利用门、窗、洞口及其他框架等作为前景来表达主体。这种构图使人感觉到是透过门和窗户来观看影像，产生现实的空间感、距离感和透视效果。

除了上述的几种常见构图法以外，还有其他的一些构图方式，比如A形构图、V形构图、W形构图等，它们都是前人在实际的摄影实践中总结归纳出来的。对于大多数摄影初学者来讲，构图的重要性不言而喻。

2. 构图的处理运用

摄影的目的是表现和再现现实中的人物和景物。相片上的人物或景物是不可变更的主体内容，但是相片的画面构图是可以改变的。构图是为表现内容、突出主体服务的，所以要获得一张好的相片，应该实现内容与形式的统一。我们在实际拍摄的过程中对构图方式要灵活应用，并掌握一些处理技巧。

主体与背景的关系，这是主体是否能吸引注意力的关键。理论上建议把主体放在黄金分割线上，即用前面所介绍的九宫格构图的方法来进行布局，将主体放在4条线的交点及它们之间的连线上。这些位置是人们在欣赏相片时关注的焦点和视觉感受比较舒服的地方，比把主体放置在中心区域看上去要生动得多。要把主体放在尽量简练的背景上，太过花哨的背景会和主体产生视觉冲突。主体和背景在色调的冷暖、明暗的对比上最好形成一定的反差，这样能更好的达到突出主体的目的。在拍摄人像时要注意背景和主体的衔接，以避免一些奇怪的图像组合，比如头上长树之类的现象。

拍摄等距排列的主体时，为了避免画面呆板无趣，在拍摄时最好多调整角度进行观察再拍摄。通过调整角度使画面有透视的进深感，主体显得有疏有密、错落有致，充满节奏感和韵律感。在画面中不要只容纳单一的拍摄主体，也可以同时拍摄周边可作参照的物体，产生对比，这样画面会更有趣味。

摄影构图另一个需要抓住的重点就是简洁。简单说就是拍摄时需要将背景多余的部分去掉或者模糊化，从而突出主体，我们将其称为【减法运算】。使用大光圈、长焦镜头拍摄时，可以把杂乱的背景模糊化，从而提高主体的可视性，这是一种常用的手段。但是在拍摄的过程中，由于各种情况，我们并不能做到准确构图，所以拍出来的相片在构图上难免存在一些缺陷。我们可以通过数码相片处理技术来弥补这个缺陷，即【二次构图】。那些无关主题、杂乱的东西我们可以通过取景框剔出，让相片的表现力更加完美。

1.1.2 色彩、色调的处理

色彩对相片来说是尤为重要的。很多情况下，一张相片之所以打动人心就是因为其漂亮的色彩，尤其是对自然风光的拍摄。很多朋友在外出游玩或是聚会时拍摄有大量的相片，但是觉得满意的很少，总感觉有所欠缺，觉得画面与自己想表达的意境有所差别，其中一个很重要的因素是色彩的运用不够理想。

我们知道色彩能反映人的感情，在相片中常常成为代表某种事物和思想情绪的象征。不同的色彩能给人以心理上的不同影响，激发人们的情感，在心理上、情绪上产生共鸣。因而，处理色彩要符合人的心理状态，符合人们的生活习惯和欣赏习惯，以提高相片色彩的表现力。

在拍摄中，不一定色彩越多越漂亮。要善于在色彩运用中有所提炼、概括和加工，色彩和谐才能使相片达到绘画般的艺术效果。

色彩和谐是指整个画面的色彩配置，不但要统一、协调，还要完整、悦目。这是通过色与色之间的合理配置来实现的。要达到色彩和谐主要有以下几点要求。

色彩基调的统一。在拍摄彩色相片时，要根据主题思想的需求来确定色彩的基调，基调对于烘托主题思想、表现环境气氛、传递相片所要表达的情绪和意境起着很重要的作用。在相片中，一切色彩的安排都要与色彩的基调相统一，其他色彩是主基调的烘托、陪衬，是局部与整体的关系。违背了这种整体性的色彩组合，相片就会呈现出杂乱、不和谐的基调，会使画面所要表达的主题大大减弱，影响其观赏效果。但色彩基调的统一并不意味着色彩表现单调，也不仅仅是色彩的拼凑，而是让相片的色彩的变化有章可寻，只有这样的相片才能给人以完美的视觉感受。

色彩的调和。色彩的调和是指在画面色彩安排时，要根据画面上色彩的饱和度、亮度、明暗关系以及色彩的数量、面积来适当配置，使整个画面具有统一、和谐的效果。同种色相具有不同明度的色彩，容易调和；而两种饱和度较高的色彩搭配时，由于色彩跳跃感强就不太容易达到和谐。遇到这种情况时，应把其中一种颜色的纯度减淡或加浓；也可把两种颜色的被摄物通过拉开距离加以区分：近距离颜色浓，远距离颜色淡，这样比较符合透视关系。还可以在两种颜色之间，加上间色来缓冲过渡，或是利用白、灰、黑等色来加以分割。在色彩的布局上，要在色彩的数量和面积的分配上均衡变化，避免等量安排，以一种色彩为主，其他色彩起辅助作用，使相片的整个画面显得活跃、有生气。掌握好色彩的布局，既能起到调和作用，又能使整个画面达到平衡稳定的效果。

色彩的照应。这是指在一幅作品中为了求得色彩的全面和谐，要照顾色彩之间的比较与照应关系。色彩的性质是不稳定的和互相依赖的，在一定的空间和时间范围内，主体的颜色会受到邻色、光线的影响而发生变化。在配置色彩时，要考虑色彩之间的关系，当各种色彩互相搭配时，不应有明显的冲突。低调的色彩可以衬托亮丽的色彩，如果没有低调的色彩衬托，亮丽色彩的特征也显现不出来。在配置色彩时，应将亮的色彩和暗的色彩、暖的色彩和冷的色彩、强烈的色彩和柔和的色彩的量和比例关系结合在一起考虑。只有这样，才能在配置上既有差别，又形成各种不同的和谐效果。

1.2 数码相片的获取方式

要处理数码相片，首先要将其导入到电脑中。导入相片的方法有两种：一种方法是通过扫描仪扫描相片导入图像到电脑，另一种方法是将数码相机中拍摄的相片传输到电脑。

1.2.1 通过扫描仪导入图像

使用扫描仪可以将家中的老相片输入到电脑中，然后我们就可以对其进行修复和艺术处理，还可以拿到数码冲印店进行冲印。在使用扫描仪扫描时应注意以下事项：

　● 分辨率的设定：分辨率可以说是整个扫描过程最为重要的参数，分辨率越高的图像就越清晰，一般在扫描时应根据不同的需要选择不同的分辨率。如果是文字稿或者只是将相片存储在电脑中浏览，那么采用150 dpi或者300 dpi即可满足要求；如果要打印扫描的相片，那么选择600 dpi至1200 dpi的分辨率进行扫描才能满足打印的要求。同时，我们还应考虑到输出设备的分辨率。如果扫描的图像的分辨率超过了输出设备的分辨率，那么再清晰的图像也无法得到最佳效果。

　● 确定恰当的扫描方式：扫描仪的扫描程序一般为我们提供了三种扫描方式：黑白、灰度和彩色。其中【黑白】方式适用于白纸黑字的原稿，而【灰度】适用于图文混排文件，【彩色】则适用于扫描彩色相片。扫描方式直接影响到扫描的速度和扫描后的文件大小，因此在扫描之前，我们应先根据被扫描的对象，选择一种合适的扫描方式，才有可能获得较高的扫描效果。

　● 合理选择图像处理软件：扫描仪厂家除了提供扫描仪的驱动程序外，一般都提供有专用的扫描软件。可是这类软件往往功能单一、使用不便，无法满足我们的要求。其实，许多软件都可以通过扫描仪获得图像。利用这些软件，不仅能够提高扫描的速度，还能在扫描完成后方便的直接对图像进行处理。

1.2.2 利用数码相机输入图像

要将相机中的数码相片输入到电脑中，主要有以下几种方法。

利用USB连接线直接将数码相机与个人电脑连接并进行传输。目前，几乎所有的数码相机都提供了USB接口，因此利用USB连接线可便捷的将数码相机与电脑相连，并将相片导入电脑。如果电脑使用的是Windows XP操作系统，系统会自动识别数码相机中的存储器并打开一个对话框。用户只要在该对话框中双击选择合适的选项，即可按照提示转存、浏览相片等。

另外，也可以将存有数码相片的CF卡、SM卡或记忆棒等移动存储介质从数码相机上取下来，通过读卡器将图像文件读入电脑，其操作步骤与将数码相机直接与电脑相连完全相同。

少数数码相机配有IrDA红外线传输接口，此时只需要将数码相机靠近电脑并启动相应的传输软件，就可以将图像数据输入电脑。

【例1-1】 通过USB连接线连接数码相机与电脑，输入相片。

① 使用USB连接线将数码相机与电脑连接后，会弹出对话框。在对话框中，选择【将图片复制到计算机上的一个文件夹】选项，然后单击【确定】按钮。

② 在打开的【欢迎使用扫描仪和照相机向导】页面中，单击【下一步】按钮。

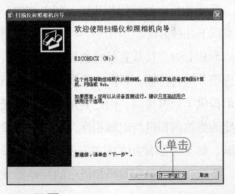

③ 选择要复制的图片，然后单击【下一步】按钮。

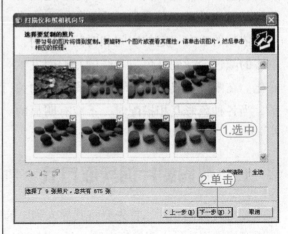

④ 在打开的【相片名和目标】页面中命名相片集名称和保存相片集的位置，单击【下一步】按钮。

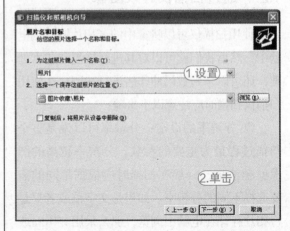

⑤ 进入【正在复制相片】页面，系统会自动对选中的相片进行复制。

06 复制结束后，打开【其他选项】页面，选择要执行的操作，然后单击【下一步】按钮。

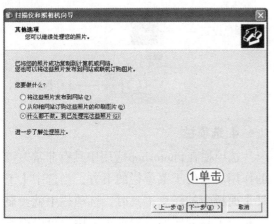

07 打开【正在完成扫描仪和照相机向导】页面，单击【完成】按钮结束全过程。

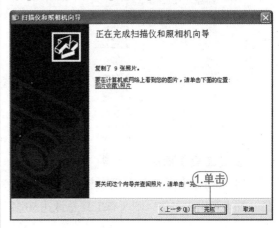

1.3 Photoshop CS4基础知识

Adobe Photoshop是基于Macintosh和Windows平台运行的、最为流行的图形图像编辑处理应用程序。使用Photoshop软件强大的图像修饰和色彩调整功能，可修复图像素材的瑕疵，调整素材图像的色彩和色调，并且可以自由合成多张素材，从而获得满意的图像效果。

1.3.1 Photoshop CS4工作界面介绍

启动Photoshop CS4应用程序后，打开任意图像文件，会发现其工作界面包括应用程序栏、菜单栏、选项栏、【工具】面板、垂直停放的面板组、文档窗口和状态栏等。下面分别介绍界面中各个部分的功能及其使用方法。

1. 应用程序栏

在Photoshop CS4中，采用更为实用的应用程序栏替代先前版本中的标题栏。在应用程序栏中，用户通过单击Photoshop图标 **Ps**，可以打开快捷菜单，实现图像文件窗口的最大化、最小化、关闭等操作。单击Bridge图标按钮 **Br** 可以启用Adobe Bridge应用程序。另外，通过应用程序栏还可以实现显示标尺、控制图像文件的缩放及排列、屏幕模式转换、对工作区的操作等。

2. 菜单栏

菜单栏是Photoshop的重要组成部分。Photoshop CS4应用程序按照功能分类提供了【文件】、【编辑】、【图像】、【图层】、【选择】、【滤镜】、【分析】、【3D】、【视图】、【窗口】和【帮助】11个命令菜单，单击其中一个菜单按钮，随即就会出现一个下拉式菜单。

文件(F) 编辑(E) 图像(I) 图层(L) 选择(S) 滤镜(T) 分析(A) 3D(D) 视图(V) 窗口(W) 帮助(H)

在菜单中，如果命令显示为浅灰色，则表示该命令目前状态为不可执行；命令右方的字母组合代表该命令的键盘快捷键，使用键盘快捷键执行命令有助于提高工作效率；若命令后面带省略号，则表示执行该命令后，屏幕上将会出现对话框。

Photoshop 数码相片处理

3.【工具】面板

Photoshop【工具】面板中总计有22组工具，加上弹出工具组，则所有工具总计达50多个。

工具依照功能与用途大致可分为选取和编辑类工具、绘图类工具、修图类工具、路径类工具、文字类工具、填色类工具以及预览类工具。

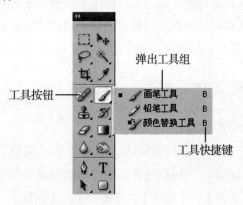

专家指点

用鼠标单击【工具】面板中的工具按钮图标即可使用该工具。如果工具按钮右下方有一个下三角形符号，则代表该工具还有弹出工具组，点击工具按钮则会出现一个工具组。要切换不同的工具既可以将鼠标移动到工具图标上，也可以按住Alt键后点击工具按钮，还可以通过快捷键来执行，工具名称后的字母即是工具快捷键。

【工具】面板底部还有两组工具：填充

颜色控制支持用户设置前景色与背景色；工作模式控制用来选择以标准工作模式还是以快速蒙版工作模式进行图像编辑。

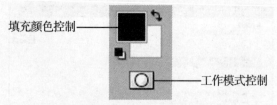

4. 选项栏

选项栏在Photoshop应用中具有非常关键的作用。它位于菜单栏的下方，当选中【工具】面板中的任意工具时，选项栏中就会显示相应工具的属性设置选项，用户可以很方便地利用它来设置工具的各种属性。它的外观也会随着选取工具的不同而改变。

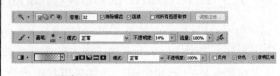

5. 面板组

面板是Photoshop CS4工作区中非常重要的组成部分，通过面板可以完成图像处理时工具参数设置、图层及路径编辑等操作。

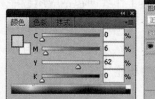 

在默认状态下，启动Photoshop CS4应用程序后，常用面板会放置在工作区的右侧；不常用面板可以通过选择【窗口】菜单中的相应的命令使其显示在操作窗口内。

6. 文档窗口

文档窗口是对图像进行浏览和编辑操作的主要场所。Photoshop CS4应用程序改变了传统的文档窗口显示，采用了全新的选项卡式文档窗口。

7. 状态栏

状态栏位于【文件】窗口的底部，用于显示诸如当前图像的缩放比例、文件大小以及当前使用工具的简要说明等信息。在最左端的文本框中输入数值，然后按下Enter键，可以改变图像窗口显示比例。

100%		文档:865.6K/865.6K	▶

○【专家指点】○

在Photoshop CS4中，提供了多种不同功能的预置工作区。用户可以选择【窗口】|【工作区】命令中的子菜单，或是在应用程序栏中单击【工作场所切换器】按钮，在弹出的菜单中选择所需的工作区。用户也可以按照自己的操作需要和习惯，重新调整工作区，并可以通过【窗口】|【工作区】|【存储工作区】命令，或是在应用程序栏中单击【工作场所切换器】按钮，在弹出的菜单中选择【存储工作区】命令保存调整后的工作区，以便今后操作时再次载入应用。

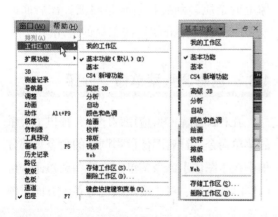

1.3.2 Photoshop CS4工具介绍

在Photoshop CS4应用程序的【工具】面板中包含了各种强大的工具。

1. 选区工具

在处理数码相片的过程中，经常需要创建选区以确定需要处理的范围。在Photoshop CS4应用程序的【工具】面板中，提供了多组可以创建选区的工具选项。

【矩形选框】工具组：该组工具中包括【椭圆选框】工具、【单行选框】工具和【单列选框】工具。使用这些工具可以根据设置创建规则的选区。

【套索】工具组：该组工具中包括【多边形套索】工具和【磁性套索】工具。使用这些工具可以按照对象的边缘，通过鼠标的移动轨迹创建所需的选区。

【魔棒】工具组：该组中包括【快速选择】工具。该组工具主要根据图像的颜色范围来创建选区。

【钢笔】工具组：该组工具主要用于在对象中创建路径，所创建的路径可以转换为选区。

【矩形】工具组：该组工具可以创建规则的对象路径，再将创建的路径转换为选区。

2. 绘制工具

Photoshop CS4应用程序中包括的绘制工具有【画笔】工具和【铅笔】工具。在处理数码相片时，使用绘制工具可以揉合处理效果，或为图像添加修饰。

选择【工具】面板中的【画笔】工具✎后，可以在选项栏中设置【画笔】的各项参数选项，以调节画笔绘制效果。

✎ 画笔: ⌄	模式: 正常	▼ 不透明度: 100% ▶ 流量: 100% ▶

◆ 【画笔】选项：用于设置画笔的大小、样式及硬度等参数选项。

【模式】选项：该选项的下拉列表中有多种混合模式，利用这些模式可以在绘画过程中使绘制的图案与图像产生特殊混合画面效果。

【不透明度】选项：此数值用于设置画笔效果的不透明度，数值为100%表示画笔效果完全不透明，而数值为1%表示画笔效果接近完全透明。

【流量】选项：此数值用于设置【画笔】工具应用油彩的速度，该数值较低时会形成较轻的描边效果。

【经过设置可以启动喷枪功能】按钮：单击该按钮，可以将【画笔】工具转换为【喷枪】工具，用于模拟油漆喷枪的着色效果，产生增加图像画面的亮度和阴影、使图像局部显得柔和的处理效果等。

除了可以在选项栏中设置【画笔】工具外，还可以在选择【画笔】工具后，在选项栏中单击最右侧的【切换画笔面板】按钮，或直接按F5键，打开【画笔】设置面板。

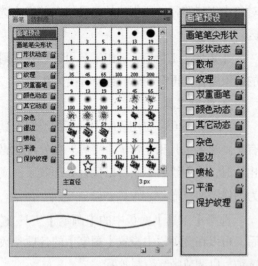

在【画笔】设置面板的左侧选项列表中，单击选项名称即可选中要进行设置的选项，并在右侧的区域中显示该选项的所有参数。【画笔】设置面板底部的预览区域用于

随时查看画笔样式调整效果。

【铅笔】工具 通常用于绘制一些棱角比较突出、无边缘发散效果的线条。选择【铅笔】工具后，其工具选项栏中大部分参数选项的设置与【画笔】工具相同。

3. 擦除工具

Photoshop CS4中为用户提供了【橡皮擦】工具、【背景橡皮擦】和【魔术橡皮擦】3种擦除工具。使用这些工具，用户可以根据特定的需要，进行图像画面的擦除处理。

【橡皮擦】工具 可以擦除图像并使用背景色填充。

【背景橡皮擦】工具 是一种智能橡皮擦，它可以自动识别对象边缘，采集画笔中心的色样，并删除在画笔内出现的颜色，使擦除区域成为透明区域。

【魔术橡皮擦】工具 可以自动分析图像边缘，在【背景】图层或是锁定了透明区域的图层中使用该工具，被擦除区域将变为背景色；在其他图层中使用该工具，被擦除区域会变为透明区域。

4. 修补工具

Photoshop CS4中提供了【污点修复画笔】工具、【修复画笔】工具、【修补】工具和【红眼】工具等多个用于修复图像的工具。利用这些工具，用户可以有效地清除图像上的杂质、刮痕和褶皱等瑕疵。在后面的章节中将会详细介绍这些工具的应用。

1.3.3 色彩调整菜单命令介绍

在Photoshop CS4应用程序中，提供了大量的菜单命令，针对图像色彩调整的命令大部分集中在【图像】命令菜单中。这些调整命令可以同时从亮度、对比度及颜色等各个方面对图像的色彩进行设置。

1. 调整图像明暗的命令

【色阶】命令通过调整图像的阴影、中间调和高光的强度级别，从而校正图像的色调范围和色彩平衡。【色阶】直方图为调整图像基本色调的直观参考。

【曲线】命令可以用来调整图像的色调范围。但是，【曲线】不是通过定义阴影、中间调和高光三个变量来进行色调调整的，而是对图像的R（红色）、G（绿色）、B（蓝色）和RGB 4个通道中0~255范围内的任意点进行色彩调节，从而创造出更多种色调和色彩效果。

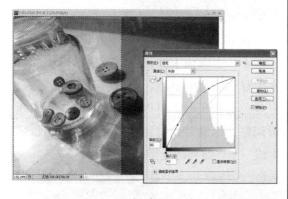

【亮度/对比度】命令可以对图像的色调范围进行简单调整。将【亮度】滑块向右移动会增加色调值并扩展图像高光；而将【亮度】滑块向左移动会减少色调值并扩展阴影。【对比度】滑块可扩展或收缩图像中色调值的总体范围。

【曝光度】命令可以用于调整曝光度不足的图像文件。【曝光度】选项影响色调中高光，对阴影的影响很轻微。【位移】选项使阴影和中间调变暗，对高光的影响轻微。

2. 调整图像色彩的命令

【色相/饱和度】命令主要用于改变图像像素的色相、饱和度和明度。可以通过给像素定义新的色相和饱和度，实现给灰度图像上色的功能；或创作单色调效果。

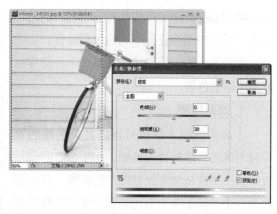

【可选颜色】命令可以有选择地修改任

何主要颜色中的印刷色数量，而不会影响其他主要颜色。

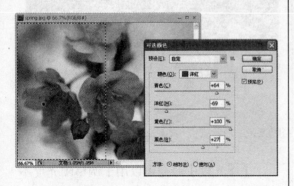

【相片滤镜】命令可以模拟在相机镜头前加彩色滤镜的效果，还可以将特定的色相调整应用到图像上。

1.3.4 处理相片常用滤镜介绍

使用Photoshop CS4应用程序中强大的滤镜功能，可以对图像进行不同的效果设置，如增加纹理效果、仿制绘画风格、提高图像精度、减少图像杂色等。

1. 高斯模糊

【高斯模糊】滤镜可以以高斯曲线的形式对图像进行选择性的模糊，产生浓厚的模糊效果，使图像从清晰到逐渐产生模糊。其对话框中，【半径】文本框用来调节图像的模糊程度，值越大，图像的模糊效果越明显。

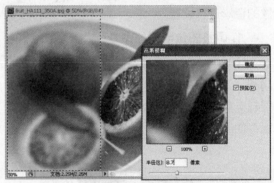

2. 蒙尘与划痕

【蒙尘与划痕】滤镜通过更改相异的像素减少杂色。为了在锐化图像和隐藏瑕疵之间取得平衡，可尝试【半径】|【阈值】设置的各种组合，或者在图像的选中区域应用此滤镜。该滤镜对于去除扫描图像中的杂点和折痕特别有效。

3. USM锐化

【USM锐化】滤镜可以查找图像中颜色发生显著变化的区域，然后将其锐化。进行专业色彩校正时，可以使用【USM锐化】滤镜调整边缘细节的对比度，并在边缘的每侧生成一条亮线和暗线使边缘突出。

1.3.5 用Adobe Bridge筛选相片

Adobe Bridge 是一款功能强大、易于使用的跨平台应用程序。使用Bridge可以帮助用户查找、组织和浏览在创建打印、Web、视频以及移动内容时所需的资源。

1. 打开图像文件

Adobe Bridge是Adobe Creative Suite 4组件附带的跨平台应用程序。要在Bridge中打开图像文件，首先要启动Adobe Bridge应用程序。在Photoshop CS4中，可以单击应用程序栏中的【启动Bridge】按钮，或选择菜单栏中的【文件】|【在Bridge中浏览】命令，或按快捷键Alt+Ctrl+O启动Bridge应用程序。

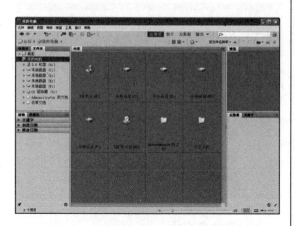

要打开图像文件可以直接在左侧的【文件夹】面板中选择文件所在的位置。

选择Bridge菜单栏中的【文件】|【打开】命令，或直接在查看的图像上双击，可以将图像直接在Photoshop应用程序中打开，以进行进一步的编辑处理。

2. 排序图像文件

在Adobe Bridge中，用户可以很方便、快速的以不同形式组织、浏览和管理图像文件，使大量的文件快速分解到较小的、更易于管理的文件组内。

【例1-2】 使用Bridge应用程序对文件夹中的相片图像进行筛选。 视频+素材

⓵ 启动Bridge应用程序，选择需要排序的素材文件夹。

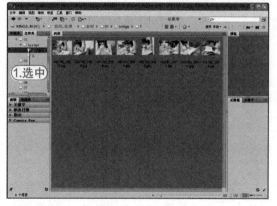

⓶ 在工作区右下角单击【以详细信息形式查看内容】按钮，然后向左拖动【缩放】滑块调整缩览图。

⓷ 按住Ctrl键，并单击选择工作区中的几幅图像文件。

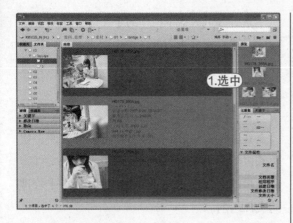

④ 选择菜单栏中的【标签】|【选择】命令，或按快捷键Ctrl+6，为选中的图像文件添加标签。

⑤ 可直接在图像文件缩览图的标签内单击小点，评定图像文件的星级；也可以选择菜单栏中【标签】命令下的相应星级，或是直接使用快捷键。

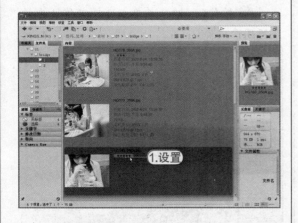

⑥ 在【滤镜】面板中，单击【标签】

下拉列表中的【选择】，使工作区中只显示添加了【选择】标签的图像文件。

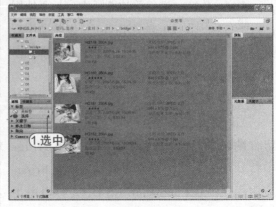

⑦ 选择【视图】|【排序】|【按评级】命令，在工作区中按照星级从低到高对图像文件进行排序。

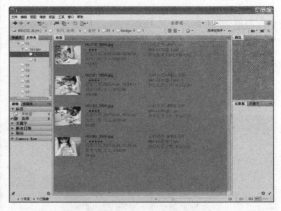

3. 重命名文件

Adobe Bridge还提供了重命名功能。使用该功能用户可以在一次操作中重命名多个图像文件。

【例1-3】 使用Bridge应用程序重新命名选中的相片图像文件。 ◎视频+◎素材

① 启动Bridge应用程序，选择需要排序的素材文件夹。

② 在工作区底部单击【以缩览图形式查看内容】按钮，然后向右拖动【缩放】滑块放大缩览图。

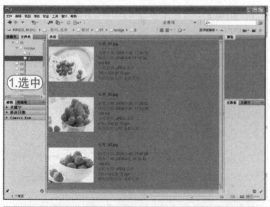

注意事项

在【批重命名】对话框的【目标文件夹】选项区中，选择【在同一文件夹中重命名】，可以将文件重命名，并覆盖原有文件；选择【移动到其他文件夹】，可以将重命名的文件放置到其他文件夹中，并从原文件夹中删除；选择【复制到其他文件夹】，可以将重命名的文件复制并放置到其他文件夹中。

⓷ 按Ctrl+A键将图像文件全部选中，然后选择【工具】|【批重命名】命令，打开【批重命名】对话框。在对话框的【新文件名】选项区中，设置新文件名称。可以在【批重命名】对话框底部的【预览】区中看到修改前后文件名称的变化情况。

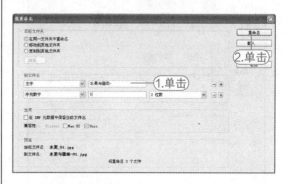

⓸ 单击【批重命名】对话框中的【重命令】按钮可以应用设置，并关闭对话框。这时，我们可以看到工作区中的图像文件名称都发生了变化。

1.4 数码相片的显示

要处理数码相片，先要在Photoshop应用程序中打开、显示相片图像。对于打开的相片图像，用户不仅可以查看其属性，还可以根据需要设置显示模式。

1.4.1 打开相片

要处理一张数码相片文件，我们首选要做的就是在Photoshop中打开它。选择【文件】|【打开】命令，可以打开所需的相片图像。

在启动Photoshop应用程序后，也可以直接从资源管理器中将文件拖放到Photoshop窗口中以打开数码相片。

【例1-4】　使用【打开】命令，在Photoshop应用程序窗口中打开相片图像。 ◉视频+◉素材

⓵ 选择菜单栏中的【文件】|【打开】命令，或按快捷键Ctrl+O，打开对话框。在【查找范围】选项中，选择图像文件的位置，然后单击【打开】按钮。

⓶ 在【文件类型】选项窗口中选择文件类型，然后选择要打开的相片图像文件。

◖ 专家指点 ◗

用户可以在【打开】对话框的文件列表框中按住Shift键选择连续排列的多个图像文件，或是按住Ctrl键选择不连续排列的多个图像文件，然后单击【打开】按钮在文档窗口中打开。

⓷ 单击对话框中的【打开】按钮，即可

在Photoshop工作窗口中打开相片图像。

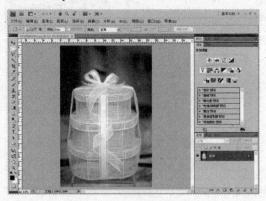

1.4.2 相片属性的显示

在打开数码相片后，可以通过Photoshop CS4中相关命令和控制面板来查看相片基本属性。

1. 查看文件简介

在Photoshop CS4应用程序中，提供了【文件简介】功能。通过【文件简介】命令可以为数码相片添加相关信息，也可以查看相片拍摄时所用的设备设置。

【例1-5】 使用【文件简介】命令，查看相片图像属性。 素材

⓵ 在Photoshop CS4应用程序中，选择菜单栏中的【文件】|【打开】命令，选择打开一幅相片图像。

⓶ 选择【文件】|【文件简介】命令，打开对话框，在【说明】选项卡中，可以输入

作者信息、版权信息等内容。

03 选中【相机数据】选项卡,在该选项卡中可以查看相片拍摄日期、拍摄所用的器材、设置的器材参数等多项内容。单击【确定】按钮可以关闭对话框。

2. 使用【信息】面板判断相片信息

【信息】面板可显示指针所在位置的颜色值以及其他有用的信息(取决于所使用的工具)。【信息】面板还可显示正在使用的选定工具的信息、提供文档状态信息,并可以显示8位、16位或32位值。

选择【窗口】|【信息】命令可以打开【信息】面板。【信息】面板根据制定的选项显示8位、16位或32位值。

在显示CMYK值时,如果指针或颜色取样器下的颜色超出了可打印的CMYK色域,则【信息】面板将在CMYK值旁边显示一个惊叹号。

当使用选框工具时,【信息】面板会随着鼠标的移动显示指针位置的X坐标、Y坐标以及选框的宽度(W)、高度(H)。

在使用【裁剪】工具或【缩放】工具时,【信息】面板会随着鼠标的拖移显示选框的宽度(W)和高度(H),同时显示裁剪选框的旋转角度。

当使用【直线】工具、【钢笔】工具、【渐变】工具或移动选区时,【信息】面板将随着鼠标的拖移显示起始位置的X和Y坐标、X坐标的变化值(DX)、Y坐标的变化值(DY)、角度(A)和长度(L)。

3. 使用【直方图】面板判断相片信息

当在Photoshop中打开需要处理的相片后，我们首先要判断相片的色调特征。相片中的主体和光线情况决定了其色调特征。相片的色调特征可以分为亮、暗或者中等，也被称为高键、低键或者中键。如果不能确定当前的图像属于哪种色调类型，可以通过选择菜单栏中的【窗口】|【直方图】命令，打开【直方图】面板，查看该相片的直方图或【色阶】对话框获得帮助。

直方图是相片中包含的像素的图形变化表示，排列方式为黑色（左边）到白色（右边）。相片中某个级别的像素数越多，这一点的直方图就越高。因此可以通过观察直方图的状态来判断相片中主要像素信息位于哪里。

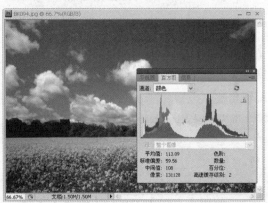

在处理色调时，了解要处理的相片具有何种色调类型有助于避免过度修改色调。熟悉了色调值的含义，即图像中的暗调、中间调及高光，就可以确定直方图的哪些区域需要调整，也就是要将图像中的哪些区域变亮或变暗。

1.4.3 页面显示模式

可以使用不同的屏幕模式选项在整个屏幕上查看图像，可以在工作界面中显示或隐藏菜单栏、标题栏和滚动条等不同组件。

Photoshop CS4提供了【标准屏幕模式】、【带有菜单栏的全屏幕模式】和【全屏模式】3种屏幕模式。用户可以在菜单栏中选择【视图】|【屏幕模式】命令，或单击应用程序栏上的【屏幕模式】按钮，从弹出式菜单中选择所需要的模式。

标准屏幕模式：为Photoshop CS4默认的显示模式，显示全部工作界面的组件。

带有菜单栏的全屏幕模式：显示带有菜单栏和50%灰色背景，但没有标题栏和滚动条的全屏窗口。

全屏模式：显示带有50%灰色背景，但没有菜单栏、标题栏和滚动条的全屏窗口。

> **注意事项**
>
> 在全屏模式下，两侧面板是隐藏的。可以将光标放置在屏幕的两侧访问面板，或者按Tab键显示面板。在全屏模式下，按F键或Esc键可以返回标准屏幕模式。

1.5 数码相片的存储

在处理数码相片的过程中，要经常进行文件的保存和关闭操作，以免由于不可预知的意外而丢失所做的处理。

1.5.1 相片存储格式

现在数码相机中所使用的数据格式有如下形式：JPEG、TIFF、RAW等。

1. JPEG格式

JPEG格式是图像的压缩格式，具有高度的通用性，已成为数码影像的标准格式形式。其数据压缩方法是把不影响像质的信息优先舍弃。JPEG只有数分之一至数十分之一的压缩率，改变压缩参数可以任意改变压缩效率是JPEG的特征。其缺点是提高压缩效率会使压缩中的噪声明显。另外，影像的JPEG压缩是非可逆压缩，解压后不能完全返回压缩前的状态。对一般图像，考虑选择对视觉不起劣化的1/10~1/20的压缩率。

2. TIFF格式

TIFF格式是高像质、具有压缩系数型的图像记录格式，是由美国Microsoft和Altais（现与美国Adobe系统合并）公司开发的。如果说JPEG是面向大众的通用格式；TIFF则是高端世界的标准格式，其文本尺寸大，数据的写入、取出比其他格式费时。

3. RAW格式

RAW格式并非是一种图像格式，它不能进行直接编辑。RAW格式是CCD或CMOS在将光信号转换为电信号时的电平高低的原始记录，是单纯地将数码相机内部没有经过处理的图像数据进行数字化处理得到的。RAW数据只能保存在硬盘中，利用相关的RAW处理软件可将其转换成JPEG、TIFF格式。进行转换时，用户可任意设置空白平衡等参数，调整曝光补偿余地比JPEG、TIFF大，效果也好。一般而言，若一个文件存储成JPEG格式大小为2.2 MB，则存储成RAW格式可能需要6~7MB。所以，RAW格式是追求高画质的专业摄影的必然选择；而对于普通的家庭摄影，RAW格式过于奢侈了。

4. PSD格式

PSD格式是Photoshop软件的专用图像文件格式，它能保存图像数据的每一格细节，可以存储成RGB或CMKY颜色模式，也能以自定义颜色数目进行存储。它能保存图像中各图层的效果和相互关系，且各图层之间相互独立，便于对某一图层单独进行修改和制作各种特效。其缺点是占用的存储空间较大。

1.5.2 存储相片

当完成一张数码相片的处理后，我们需要将它保存起来以便以后使用。

选择【文件】|【存储】命令，在打开的【存储为】对话框中进行设置后，就可以存储相片。在操作过程中，用户也可以随时按快捷键Ctrl+S进行保存。如果要将图像另取名保存，可以选择菜单中的【文件】|【存储为】命令，或按快捷键Ctrl+Shift+S，在打开的【存储为】对话框中，更改文件的存储路径或名称进行保存。

【例1-6】 在 Photoshop 应用程序中，存储相片图像。素材

01 选择菜单栏中的【文件】|【存储】命令，或按快捷键Ctrl+S，打开【存储为】对话框，在【存储为】对话框中选择文件存储的路径，单击【打开】按钮。

02 在【存储为】对话框中选择文件存储的路径、文件名和格式名。单击【保存】按钮，保存文件并关闭对话框。

1.5.3 关闭文件

同时打开几个图像文件窗口会占用一定的屏幕空间和系统资源。因此，应在文件使用完毕后，关闭不需要的图像文件窗口。选择【文件】|【关闭】命令，或单击需要关闭的图像文件窗口选项卡上的【关闭】按钮，或按快捷键Ctrl+W将关闭当前图像文件窗口。按快捷键Alt+Ctrl+W关闭全部图像文件窗口。

Chapter
02

相片图像基本处理

在使用Photoshop应用程序编辑处理数码相片前，用户可以对相片进行简单的编辑处理，如改变相片图像的构图问题、画面倾斜问题，或是将多幅图像拼接为全景图像。

- 裁切相片图像
- 旋转相片图像
- 抠图技巧
- 拼接全景图像相片

📺 参见随书光盘

例2-1 使用【图像大小】命令　　例2-2 使用【画布大小】命令
例2-3 去除画面中多余部分　　　例2-4 裁剪相片图像画面
例2-5 改变相片图像构图比例　　例2-6 按照指定尺寸进行裁剪
例2-7 修正倾斜的图像画面　　　例2-8 水平翻转画布
例2-9 使用通道创建选区　　　　例2-10 使用【钢笔】工具创建选区
例2-11 使用【抽出】滤镜　　　　例2-12 使用图层蒙版
例2-13 使用快速蒙版创建选区　　例2-14 使用【色彩范围】命令
例2-15 使用【自动对齐图层】命令 例2-16 使用Photomerge命令
例2-17 使用【自动混合图像】命令

2.1 裁切相片图像

将相片图像在Photoshop应用程序中打开后，我们经常会应用裁切功能来改变图像的大小或是构图的问题。

2.1.1 自定义相片尺寸

在Photoshop中，用户可以根据是用于电脑浏览还是打印输出来自定义相片图像的尺寸、分辨率。

1. 使用【图像大小】命令

使用【图像大小】命令可以调整图像的像素大小、打印尺寸和分辨率。修改图像的像素大小不仅会影响图像在屏幕上的大小，还会影响图像的打印质量，同时会影响图像所占用的存储空间。

【例2-1】 使用【图像大小】命令，自定义相片尺寸。 视频+素材

①1 在Photoshop CS4应用程序中，选择菜单栏中的【文件】|【打开】命令，打开一幅相片图像。

②2 选择菜单栏中的【图像】|【图像大小】命令，打开【图像大小】对话框。

③3 在打开的【图像大小】对话框中，设置【宽度】数值为10厘米，然后单击【确定】按钮更改图像大小。

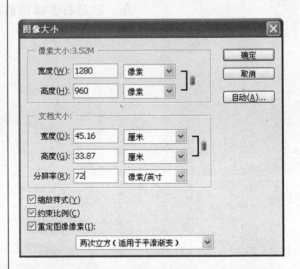

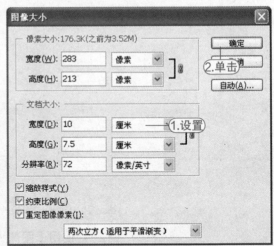

2. 使用【画布大小】命令

画布大小是指图像可以编辑的区域。增大画布的大小会在当前图像的周围添加新的可编辑区域，减小画布大小会裁剪图像。

【例2-2】 使用【画布大小】命令，自定义相片尺寸。 视频+素材

①1 在Photoshop CS4应用程序中，选择菜单栏中的【文件】|【打开】命令，打开一幅

相片图像。

⓶ 选择菜单栏中的【图像】|【画布大小】命令，打开【画布大小】对话框。

⓷ 在打开的【画布大小】对话框中，设置【宽度】数值为50厘米，【高度】数值为40厘米。在【定位】选项中，单击底部的中间按钮，然后单击【确定】按钮。

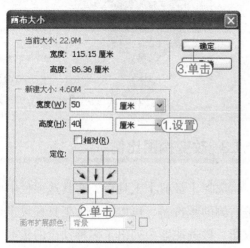

⓸ 由于新设置的图像尺寸小于原图像大小，会弹出提示对话框，单击对话框中的【继续】按钮，即可根据设置裁剪图像。

2.1.2　去除画面中的多余部分

在编辑相片图像时，要去除画面中的多余部分，使构图更加合理，可以使用【裁剪】工具和【裁剪】命令来完成。

1. 使用【裁剪】工具

【裁剪】工具用来裁剪画布，重新定义画布的大小。选择该工具后，在画面中单击并拖动鼠标形成一个矩形选框，按下Enter键后，矩形选框外的图像将被裁剪掉。

【例2-3】 使用【裁剪】工具去除画面中多余部分。 视频+素材

⓵ 在Photoshop CS4应用程序中，选择菜单栏中的【文件】|【打开】命令，打开一幅相片图像。

02 选择【工具】面板中的【裁剪】工具，将【裁剪】工具放置到页面合适位置，单击鼠标并拖拽出一个矩形框。

03 释放鼠标后，拖拽出的矩形框中将显示保留区域。这时，对裁剪框的控制柄进行调整可以设置裁剪区域的大小。

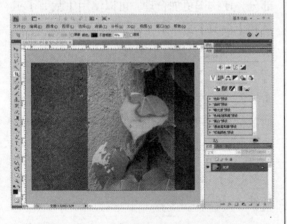

04 调整好裁剪区域后，按Enter键应用裁剪图像。

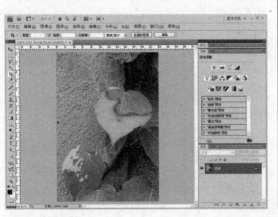

2. 使用【裁剪】命令

使用【裁剪】命令裁剪图像时，需要先在相片图像中创建选区，选择图像中需要保留的部分，然后再执行该命令。

【例2-4】 使用【裁剪】命令裁剪相片图像画面。◆视频+素材

01 在Photoshop CS4应用程序中，选择菜单栏中的【文件】|【打开】命令，打开一幅相片图像。

02 选择【矩形选框】工具，在图像中创建选区。

03 选择【图像】|【裁剪】命令，裁剪图像，并按快捷键Ctrl+D取消选区。

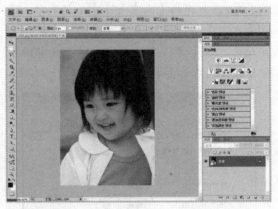

2.1.3 改变构图比例

选择【裁剪】工具后，在其选项栏中单击右侧的按钮，可以打开【工具预设】选取器。该选取器中列出了多种预设的裁剪比

例，用户可以根据构图需要选择相应的裁剪比例。

【例2-5】　使用【裁剪】工具改变相片图像构图比例。 🎬视频+📁素材

01 在Photoshop CS4应用程序中，选择菜单栏中的【文件】|【打开】命令，打开一幅相片图像。

02 选择【工具】面板中的【裁剪】工具，在选项栏中单击【裁剪】工具图标旁的🔽按钮，再在打开的下拉面板中选择【工具预设】。

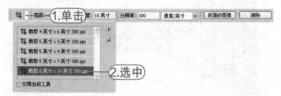

03 将【裁剪】工具放置到页面合适位置，单击鼠标并拖拽出一个矩形框。

04 调整好裁剪区域后，按Enter键应用裁剪图像。

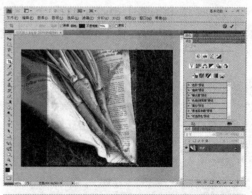

2.1.4　按指定尺寸裁切

选择【裁剪】工具后，在选项栏中可以通过设置【宽度】、【高度】和【分辨率】来确定裁剪尺寸。

【例2-6】　使用【裁剪】工具，按照指定尺寸进行裁剪。 🎬视频+📁素材

01 在Photoshop CS4应用程序中，选择菜单栏中的【文件】|【打开】命令，打开一幅相片图像。

02 选择【工具】面板中的【裁剪】工具，在选项栏中，设置【宽度】数值为7厘米，【高度】数值为5厘米。

04 调整好裁剪区域后，按Enter键应用裁剪图像。

注意事项

单击【高度】和【宽度】设置选项间的 按钮，可以交换【高度】和【宽度】的数值。

03 将【裁剪】工具放置到页面合适位置，单击鼠标并拖拽出一个矩形框。

2.2 旋转相片图像

在拍摄过程中，经常会因为手持相机不稳，而造成拍摄的相片出现倾斜的现象。要修正倾斜的画面，可以使用【标尺】工具、【自由变换】命令或【变换】命令中的相关命令。

2.2.1 调整相片图像水平基准

使用Photoshop应用程序中的【标尺】工具可以准确定位图像或图像元素。【标尺】工具可计算画面内任意两点之间的距离、倾斜角度。当用户测量两点间的距离时，程序将绘制一条不会打印出来的直线。

【例2-7】 使用【标尺】工具修正倾斜的图像画面。 视频+素材

01 在Photoshop CS4应用程序中，选择菜单栏中的【文件】|【打开】命令，打开一幅

相片图像。

02 选择【工具】面板中的【标尺】工具，沿相片中的参考物拖动，绘制参考测量线。

⓷ 选择菜单栏中的【图像】|【图像旋转】|【任意角度】命令，打开【旋转画布】对话框，然后单击【确定】按钮。

⓸ 选择【矩形选框】工具，在相片图像中创建选区。

⓹ 选择【图像】|【裁剪】命令，操作完成后，按快捷键Ctrl+D取消选区。

2.2.2　旋转、翻转相片图像

除了可以使用【标尺】工具调整相片图像的倾斜问题外，还可以使用【自由变换】命令、【变换】命令和【图像旋转】命令。

1. 旋转图像

选择图像后，选择【编辑】|【自由变换】命令，或按快捷键Ctrl+T，这时将在图像周围显示一个定界框。移动光标至定界框的控制点上，当光标变为↔↕↗↘形状时，按下鼠标并拖动即可改变定界框的大小。移动光标至定界框外，当光标变为形状时，按下鼠标并拖动即可使图像自由旋转。变换操作完成后，用户可以通过在定界框中双击或按Enter键的方式结束图像的变换操作。

◇ 专家指点 ◇

在自由旋转操作过程中，图像的旋转会以定界框的中心点位置为旋转中心。要想自定义定界框的中心点位置，只需移动光标至中心点上，当光标变为形状时，按下鼠标并拖动即可。按住Ctrl键可以随意更改控制点位置，对定界框进行自由扭曲变换。

另外，通过选择【编辑】|【变换】命令或【图像】|【图像旋转】命令子菜单中的相关命令，也可以进行特定的变换操作。【旋转】命令自由确定旋转图像的角度和方向。如需要按15度的倍数旋转图像，可以在拖动鼠标时按住Shift键；如要将图像旋转180度，可以选择

【旋转180度】命令；如果要将图像顺时针旋转90度，可以选择【旋转90度（顺时针）】命令；如果要将图像逆时针旋转90度，可以选择【旋转90度（逆时针）】命令。

◖○ 注意事项

在变换操作过程中选择【工具】面板中的工具，会打开一个系统提示对话框，提示用户确认或取消当前所进行的变换操作。

2. 翻转图像

选择【编辑】|【变换】|【水平翻转】命令，或【图像】|【图像旋转】|【水平翻转画布】命令，可以在水平方向上翻转图像画面。

选择【编辑】|【变换】|【垂直翻转】命令，或【图像】|【图像旋转】|【垂直翻转画布】命令，可以在垂直方向上翻转图像画面。

【例2-8】 使用【图像旋转】命令，水平翻转画布。 ◈视频+◈素材

○1 在Photoshop CS4应用程序中，选择菜单栏中的【文件】|【打开】命令，打开一幅

相片图像。

○2 选择菜单栏中的【图像】|【图像旋转】|【水平翻转画布】命令翻转图像。

在相片处理过程中，经常需要对相片中的对象创建选区，限定所要编辑的范围。Photoshop应用程序中提供了多种创建选区的方法。

2.3.1 使用通道抠图

一般情况下，在Photoshop中创建的新通道是保存选择区域信息的Alpha通道。单击【通道】面板中的【创建新通道】按钮，即可将选区存储为Alpha通道。在将选择区域保存为Alpha通道时，选择区域被保存为白色，而非选择区域被保存为黑色。如果选择区域具有不为0的羽化值，则被保存为有灰色柔和过渡的通道。

【例2-9】 使用通道创建选区，抠出需要处理的画面对象。 ◈视频+◈素材

○1 在Photoshop CS4应用程序中，选择菜单栏中的【文件】|【打开】命令，打开一幅相片图像，并按快捷键Ctrl+J复制【背景】图层。

○2 在【通道】面板中，单击【创建新通道】按钮，新建Alpha1通道。然后打开RGB通道视图，并单击【工具】面板中的【切换前景色和背景色】按钮。

专家指点

若要设置Alpha通道选项，可先按住Alt键再单击【创建新通道】按钮，或单击【通道】面板右上角的面板菜单按钮，从打开的面板菜单中选择【新建通道】命令，打开【新建通道】对话框。在该对话框中，可以设置所需的通道参数选项，然后单击【确定】按钮，即完成创建新的通道。

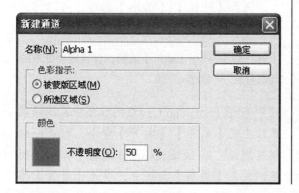

03 选择【画笔】工具，在选项栏中设置画笔样式，然后使用它擦除背景部分蒙版。

04 单击【将通道作为选区载入】按钮，并关闭Alpha1视图，单击RGB通道。

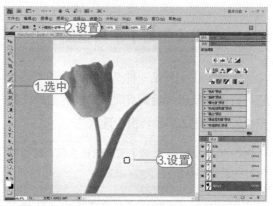

05 返回【图层】面板，关闭【背景】图层视图，按Delete键删除选区内图像，按快捷键Ctrl+D取消选区。

◎ 专家指点 ◎
在同一图像内复制图层，除了可以按快捷键Ctrl+J外，还可以在【图层】面板中选中要复制的图层后，再将其拖动到【创建新图层】按钮上。

2.3.2 使用【钢笔】工具抠图

【钢笔】工具是一种高精度的绘图工具，它可以沿对象边缘绘制直线或平滑的曲线。用户可以将创建的路径转换为选区。

【例2-10】 使用【钢笔】工具创建选区，保留需要处理的画面对象。 ◎视频+◎素材

⓵ 在Photoshop CS4应用程序中，选择菜单栏中的【文件】|【打开】命令，打开一幅相片图像。

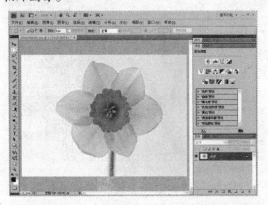

⓶ 选择【工具】面板中的【自由钢笔】工具，在选项栏中选中【磁性的】复选框，然后根据对象的轮廓创建路径。

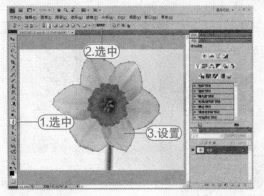

⓷ 在【路径】面板中，单击【将路径作为选区载入】按钮载入选区。

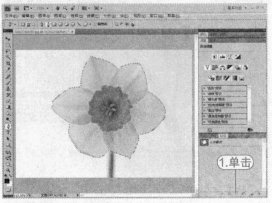

⓸ 按快捷键Ctrl+J复制选区内图像并生成新图层，关闭【背景】图层视图。

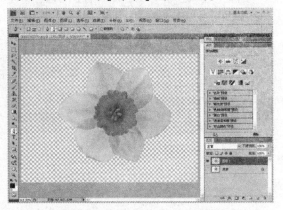

2.3.3 使用【抽出】滤镜抠图

【抽出】滤镜用于将图像从复杂的背景中选取出来。抽出图像后，Photoshop CS4应用程序会自动将对象的背景内容删除，使之成为透明区域。

选择【滤镜】|【抽出】命令，可以打开【抽出】对话框。

【例2-11】 使用【抽出】滤镜，保留需要处理的画面对象。 ◎视频+◎素材

⓵ 在Photoshop CS4应用程序中，选择菜单栏中的【文件】|【打开】命令，打开一幅相片图像。按快捷键Ctrl+J复制【背景】图层，并在【图层】面板中，单击【背景】图

层前的可视图标关闭【背景】图层视图。

去除背景图像。

② 选择【滤镜】|【抽出】命令，打开【抽出】对话框。在对话框左侧的工具栏中，选中【缩放】工具，然后放大图像。

2.3.4 使用图层蒙版抠图

③ 在对话框左边的工具栏中，选择【边缘高光器】工具，在其右侧设置【画笔大小】为10px，沿对象的轮廓绘制边界。

图层蒙版是一种灰度图像，它可以隐藏全部或部分图层内容，以显示下层图层的内容。图层蒙版在图像合成中非常有用，也可以灵活地应用于颜色调整、指定选择区域等。图层蒙版对图层中的图像无破坏性，不会破坏被隐藏区域的像素。

【例2-12】 使用图层蒙版，保留需要处理的画面对象。 ◇视频＋📁素材

④ 单击对话框左侧的【填充】按钮，在花朵区域填充颜色。

⑤ 设置完成后，单击【确定】按钮即可

① 在Photoshop CS4应用程序中，选择菜单栏中的【文件】|【打开】命令，打开一幅相片图像。按快捷键Ctrl+J复制【背景】图层。

② 在【图层】面板中，关闭【背景】图层视图。选中【图层1】图层，单击【添加图层蒙版】按钮。选择【工具】面板中的【画笔】工具，然后在图像中进行涂画。

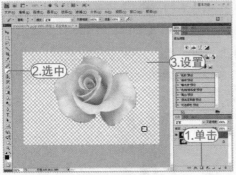

2.3.5 使用快速蒙版抠图

快速蒙版具有创建和编辑选区的功能。在快速蒙版状态下，用户可以使用Photoshop中的工具或滤镜来修改蒙版，具有最为灵活的选区编辑功能。

【例2-13】使用快速蒙版创建选区，保留需要处理的画面对象。 📹视频+📁素材

⓵ 在Photoshop CS4应用程序中，选择菜单栏中的【文件】|【打开】命令，打开一幅相片图像。

⓶ 在【工具】面板中，单击【以快速蒙版模式编辑】按钮，然后选择【画笔】工具，涂抹图像中的苹果对象。

⓷ 在【工具】面板中，单击【以标准模式编辑】按钮，创建选区。

⓸ 选择【选择】|【反向】命令，按快捷键Ctrl+J复制选区内图像并生成新图层，然后关闭【背景】图层视图。

2.3.6　使用【色彩范围】命令抠图

　　【色彩范围】命令可以在整个图像或选定区域内选择一种特定颜色或色彩范围。选择【选择】|【色彩范围】命令，可以打开【色彩范围】对话框。

　　【例2-14】使用【色彩范围】命令创建选区，保留需要处理的画面对象。💠视频+🗂素材

　　⓪① 在Photoshop CS4应用程序中，选择菜单栏中的【文件】|【打开】命令，打开一幅相片图像。

　　⓪② 选择菜单栏中的【选择】|【色彩范围】命令，打开【色彩范围】对话框。使用【吸管】工具在相片图像的背景部分单击吸取颜色。

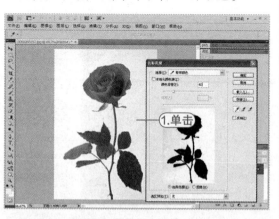

　　⓪③ 调整【色彩范围】对话框中的【颜色容差】值为90，选中【反相】复选框，设置完成后单击【确定】按钮。

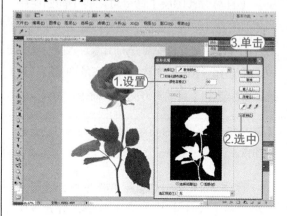

　　◯ 专家指点 ◯

　　选择【取样颜色】时，如果要添加颜色，可以按下【添加到取样】按钮 ✎，然后在预览区或图像上单击；如果要减去颜色，可按下【从取样中减去】按钮 ✎。此外，选择【选择】下拉列表中的选项，可以选择图像中特定的颜色。

　　⓪④ 按快捷键Ctrl+J复制选区内图像并生成新图层，然后关闭【背景】图层视图。

2.4　拼接全景图像相片

　　在Photoshop CS4应用程序中，可以使用【自动对齐图层】命令、Photomerge命令和【自动混合图层】命令对多幅相片进行拼接，制作全景图像相片。

2.4.1 自动对齐图像

　　【自动对齐图层】命令可以将不同图层中的相似内容自动进行匹配，并自行叠加。要自动对齐图像，首先要将要对齐的图像置入同一文档中。在【图层】面板中选择要对齐的图像后，再选择【编辑】|【自动对齐图层】命令。

【例2-15】 使用【自动对齐图层】命令，拼合全景图像。 ◎视频+◎素材

　　①　在Photoshop CS4应用程序中，选择菜单栏中的【文件】|【打开】命令，打开多幅相片图像。

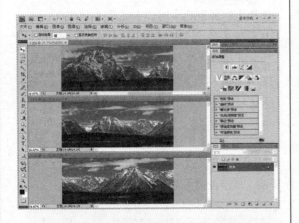

　　②　选中2.jpg图像文件，按快捷键Ctrl+A全选图像，然后按快捷键Ctrl+C复制图像。

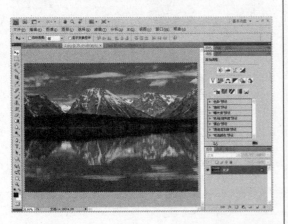

　　③　选中1.jpg图像文件，按快捷键Ctrl+V粘贴图像文件，生成【图层1】。

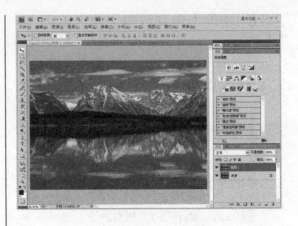

　　④　选中3.jpg图像文件，按快捷键Ctrl+A全选图像，然后按快捷键Ctrl+C复制图像。

　　⑤　选中1.jpg图像文件，按快捷键Ctrl+V粘贴图像文件，生成【图层2】。

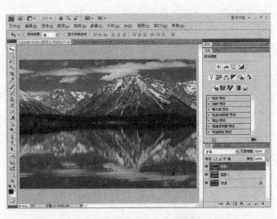

　　⑥　将【背景】图层拖动到【创建新图层】按钮上释放，创建【背景副本】图层，然后选中【背景】图层，使用背景色填充图层。

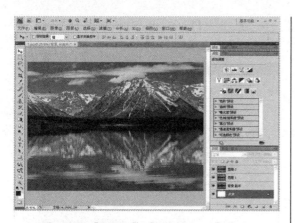

⑦ 选择【图像】|【画布大小】命令，打开【画布大小】对话框。设置【宽度】数值为70厘米，【高度】数值为20厘米，然后单击【确定】按钮。

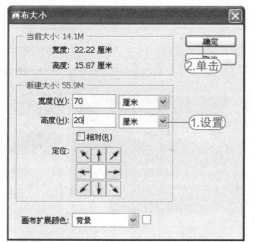

⑧ 选择【移动】工具，分别选中【背景副本】、【图层1】、【图层2】图层移动图像内容。

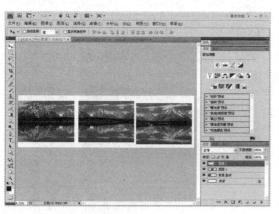

⑨ 按Ctrl键选中【背景副本】、【图层

1】、【图层2】图层，选择【编辑】|【自动对齐图层】命令，在打开的【自动对齐图层】对话框中，选择【拼贴】单选按钮，然后单击【确定】按钮。

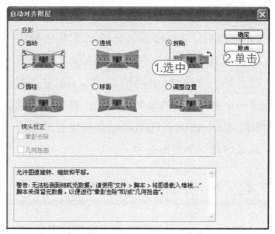

⑩ 选择【工具】面板中的【裁剪】工具，裁剪图像画面中的多余区域。

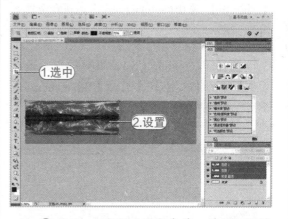

⑪ 按Enter键应用图像裁剪，并按快捷键Ctrl+Shift+E合并可见图层。

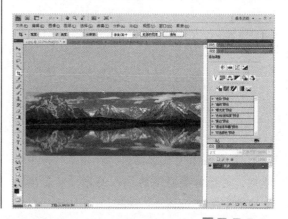

专家指点

除了上述方法外，还可以通过盖印的方法
合并图层。盖印图层可以将多个图层的内
容合并为一个目标图层，同时保持其他图
层的完整性。选择一个图层，按下快捷键
Ctrl+Alt+E，Photoshop会将此图层中的图
像盖印到下层图层中；如果选择了多个图
层，按下快捷键Ctrl+Alt+E，Photoshop会创
建一个包含合并内容的新图层；按下快捷键
Shift+Ctrl+Alt+E，Photoshop会将所有可见图
层盖印到一个新图层中。

2.4.2 使用Photomerge命令

Photomerge命令可以将多幅相片组合成一
个连续的全景图像。

【例2-16】 使用Photomerge命令，拼合全景图
像。 视频+素材

01 在Photoshop CS4应用程序中，选择
菜单栏中的【文件】|【自动】|Photomerge命
令，打开对话框。

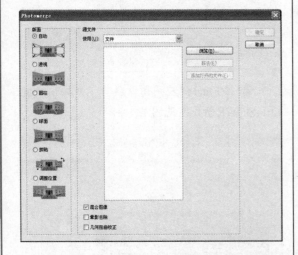

02 单击【浏览】按钮，打开【打开】对
话框，选择需要拼合的相片图像，然后单击
【确定】按钮。

03 单击Photomerge对话框中的【确定】
按钮拼合图像。

04 选择【工具】面板中的【裁剪】工
具，裁剪图像画面中的多余区域。

05 按Enter键应用图像裁剪，并按快捷键
Ctrl+Shift+E合并可见图层。

2.4.3 自动混合图像

当通过匹配或组合图像创建拼接图像时，源图像之间的曝光差异可能会导致组合图像过程中出现接缝或曝光不一致的现象。使用【自动混合图像】命令可以使最终图像产生平滑过渡的效果。

【例2-17】 使用【自动混合图像】命令，拼接全景图像。 ◎视频+◎素材

01 在Photoshop CS4应用程序中，选择菜单栏中的【文件】|【打开】命令，打开多幅相片图像。

02 选中2.jpg图像文件，按快捷键Ctrl+A全选图像，然后按快捷键Ctrl+C复制图像。

03 选中1.jpg图像文件，按快捷键Ctrl+V粘贴图像文件，生成【图层1】。

04 选中3.jpg图像文件，按快捷键Ctrl+A全选图像，然后按快捷键Ctrl+C复制图像。

05 选中1.jpg图像文件，按快捷键Ctrl+V粘贴图像文件，生成【图层2】。

06 双击【背景】图层，将【背景】图层转换为【图层0】图层。按Ctrl键选中【图层0】、【图层1】和【图层2】图层。选择【编辑】|【自动对齐图层】命令，打开【自动对齐图层】对话框，选中【自动】单选按钮，

然后单击【确定】按钮。

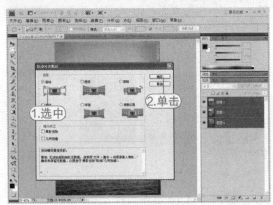

07 选择【工具】面板中的【裁剪】工具，裁剪图像画面中的多余区域。

08 选择【编辑】|【自动混合图层】命令，单击【确定】按钮，Photoshop将自动混合图层，消除两个图像接缝处的曝光不一致现象。

Chapter

03

相片色彩的调整与校正

相片的色彩、色调影响着相片的整体效果。使用Photoshop应用程序中的一些色调调整命令，可以校正相片色彩，也可以为相片添加特殊的色调效果。

■ 相片色彩校正
■ 偏色相片的处理
■ 相片颜色效果处理
■ 特殊色调相片处理

参见随书光盘

例3-1 使用自动调整命令调整图像 　例3-2 修正相片色彩

例3-3 还原暖色调相片效果 　例3-4 增强相片色彩饱和度

例3-5 增强相片色彩层次 　例3-6 使用【色阶】命令

例3-7 使用【曲线】命令 　例3-8 使用【色彩平衡】命令

例3-9 调整相片色调效果 　例3-10 调整相片色温效果

例3-11 替换相片中对象颜色 　例3-12 制作相片图像局部彩色效果

例3-13 制作黑白图像效果 　例3-14 使用【渐变映射】命令

例3-15 使用【黑白】命令 　例3-16 使用【色相/饱和度】命令

例3-17 制作中性色调相片效果 　例3-18 制作双色调相片效果

使用Photoshop CS4应用程序可以处理相片的色彩效果，如改善相片的颜色倾向问题、提高相片的色彩饱和度、提升相片的层次感等。

3.1.1 自动校正处理

Photoshop CS4应用程序中包含了【自动色调】、【自动对比度】、【自动颜色】3个自动完成相片调整的命令。

【自动色调】命令主要用于调整图像的明暗度，它先定义每个通道中最亮和最暗的像素为白和黑，然后按比例重新分配其间的像素值。

【自动对比度】命令可以自动调整一幅图像亮部和暗部的对比度。它将图像中最暗的像素转换成为黑色，将最亮的像素转换为白色，从而增大图像的对比度。

【自动颜色】通过搜索图像来标识阴影、中间调和高光，从而调整图像画面的对比度和颜色。

【例3-1】 使用Photoshop应用程序中的自动调整命令调整图像。◆视频+◆素材

01 在Photoshop CS4应用程序中，选择菜单栏中的【文件】|【打开】命令，打开一幅相片图像。

02 选择菜单中的【图像】|【自动对比度】命令，自动处理图像画面。

03 选择菜单中的【图像】|【自动色调】命令，自动处理图像画面。

04 选择菜单中的【图像】|【自动颜色】命令，自动处理图像画面。

3.1.2 修正相片色彩

在相片拍摄过程中，受周边环境或物体的影响，会使相片的颜色与实际眼睛所看到的颜色产生偏差。这些色彩失真的相片也可以通过Photoshop CS4应用程序进行修整，还原相片本来的色彩。

【例3-2】 在Photoshop应用程序中，修正相片色彩。 视频 + 素材

① 在Photoshop CS4应用程序中，选择菜单栏中的【文件】|【打开】命令，打开一幅相片图像，并按快捷键Ctrl+J复制背景图层。

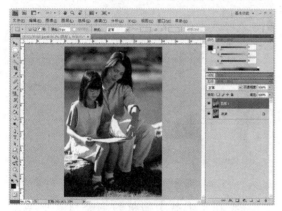

② 选择【图像】|【调整】|【阴影/高光】命令，打开【阴影/高光】对话框。在对话框中，设置阴影【数量】为25%，然后单击【确定】按钮。

③ 选择【滤镜】|【杂色】|【减少杂色】命令，打开【减少杂色】对话框。在对话框中，设置【强度】为10，然后单击【确定】按钮。

注意事项

如果使用高ISO设置、曝光不足或者用较慢的快门速度在光线较暗区域中拍照，则可能会出现杂色。【减少杂色】滤镜可在基于影响整个图像或各个通道的用户设置下，在保留边缘的同时减少杂色。用户也可以在【高级】模式下单独调整每个通道的杂色。

④ 选择【滤镜】|【锐化】|【USM锐化】命令，打开【USM锐化】对话框。在对话框中，设置【数量】为32%，【半径】为0.1像素，然后单击【确定】按钮。

⑤ 打开【调整】面板，在调整列表中单击【通道混合器】命令图标，显示设置选项。在【输出通道】下拉列表中选择【蓝】，设置【常数】为-20%，设置【红色】为24%，【绿色】为30%，【蓝色】为75%。

◖ 专家指点 ◗

【通道混合器】选项使用图像中源颜色通道的混合来修改目标颜色通道。颜色通道是代表图像中颜色分量色调值的灰度图像，在使用【通道混合器】命令时，将依据源通道向目标通道上加减灰度数据。

⑥ 在【输出通道】下拉列表中选择【绿】，设置【常数】为-7%，设置【绿色】为112%。

⑦ 在【输出通道】下拉列表中选择【红】，设置【常数】为3%，设置【红色】为102%，【绿色】为9%。

3.1.3 暖色调相片色彩还原

在室内进行拍摄时，常会因为受到室内灯光的影响，而使拍出的相片呈现明显的暖色调倾向。通过Photoshop CS4应用程序中的相关命令，可以快速校正色彩的倾向。

【例3-3】 在Photoshop应用程序中，还原暖色调相片效果。◆视频+◆素材

① 在Photoshop CS4应用程序中，选择菜单栏中的【文件】|【打开】命令，打开一幅相片图像，并按快捷键Ctrl+J复制背景图层。

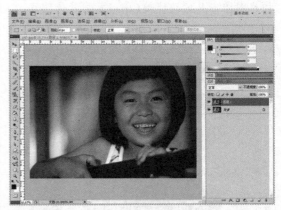

② 在【调整】面板的调整列表中单击【通道混合器】命令图标，打开【通道混合器】命令选项。在输出通道下拉列表中选择【绿】，然后设置【红色】为30%。

③ 在输出通道下拉列表中选择【蓝】，设置【绿色】为100%。

④ 单击【返回到调整列表】按钮，在调

整列表中单击【色彩平衡】命令图标，打开色彩平衡选项，设置色阶数值为34、38、50。

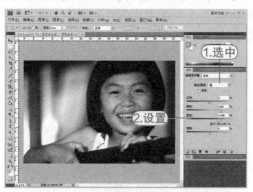

05 单击【返回到调整列表】按钮，在调整列表中单击【色相/饱和度】命令图标，打开设置选项。设置【色相】数值为2、【饱和度】数值为-11。

3.1.4 增强相片色彩饱和度

由于成像设备的差别，用户获取的数码相片会出现不同程度的饱和度降低的现象。使用Photoshop CS4应用程序可以根据需要改善不同

程度的饱和度降低问题，从而获得色彩艳丽的相片效果。

【例3-4】 在Photoshop应用程序中，增强相片色彩饱和度。◈视频+◈素材

01 在Photoshop CS4应用程序中，选择菜单栏中的【文件】|【打开】命令，打开一幅相片图像，并复制背景图层。

◎ 注意事项 ◎

【阴影/高光】命令适用于校正由于强逆光而形成剪影的相片。该命令使阴影或高光中的周围像素增亮或变暗。正因为如此，阴影和高光都有各自的控制选项。默认值设置为修复具有逆光问题的图像。

02 选择【图像】|【调整】|【阴影/高光】命令，打开【阴影/高光】对话框。在对话框中，设置阴影【数量】为50%，然后单击【确定】按钮。

⑬ 打开【调整】面板中，在调整列表中单击【曲线】命令图标，打开设置选项。调整RGB曲线形状。

⑭ 在【调整】面板中，单击【返回到调整列表】按钮，在调整列表中单击【可选颜色】命令图标，打开设置选项。在【颜色】下拉列表中选择【蓝色】，设置【青色】数值为100%，【洋红】数值为15%，【黄色】数值为-30%。

⑮ 在【颜色】下拉列表中选择【黄色】，设置【青色】数值为-100%，【洋红】数值为-40%，【黄色】数值为100%，【黑色】数值为100%。

⑯ 在【颜色】下拉列表中选择【红色】，设置【青色】数值为28%，【洋红】数值为0%，【黄色】数值为30%，【黑色】数值为0%。

⑰ 在【颜色】下拉列表中选择【中性色】，设置【青色】数值为-14%。

⑱ 按快捷键Shift+Ctrl+Alt+E盖印图层，选择【滤镜】|【锐化】|【USM锐化】命令，打开【USM锐化】对话框。在对话框中，设置【数量】为120%，【半径】为1.5像素，然后单击【确定】按钮。

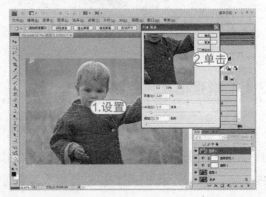

3.1.5 增强相片色彩层次

可以通过设置图层的混合模式来提高画面颜色的对比度，并丰富画面的色彩层次。

【例3-5】 在Photoshop应用程序中，增强相片色彩层次。（视频+素材）

01 在Photoshop CS4应用程序中，选择菜单栏中的【文件】|【打开】命令，打开一幅相片图像。

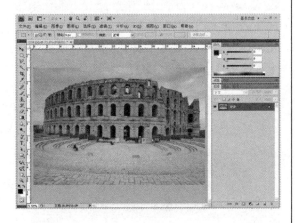

02 按Ctrl键，在【通道】面板中单击RGB通道，载入选区。

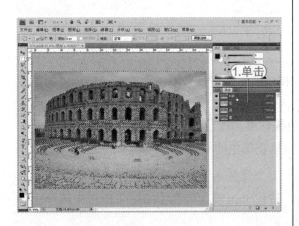

03 在【图层】面板中，按快捷键Ctrl+J复制选区图像，创建【图层1】，并设置图层混合模式为【叠加】。

04 返回【通道】面板，按住Ctrl键并单击【红】通道，载入选区。

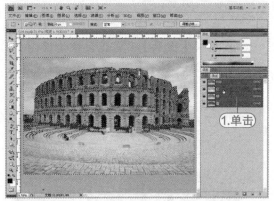

◎ 注意事项 ◎

【叠加】混合模式是图案或颜色在现有的像素上进行叠加，同时保留基色的明暗对比。它不替换基色，只将基色与混合色相混，以反映原色的亮度或暗度。

05 返回【图层】面板，按快捷键Ctrl+J复制选区图像，创建【图层2】，并设置图层【不透明度】数值为30%。

⑥ 返回【通道】面板，按住Ctrl键并单击【绿】通道，载入选区。

1.单击

⑦ 返回【图层】面板，按快捷键Ctrl+J复制选区图像，创建【图层3】，并设置图层【混合模式】为【柔光】。

1.设置

⑧ 返回【通道】面板，按住Ctrl键并单击【蓝】通道，载入选区。

1.单击

⑨ 返回【图层】面板，按快捷键Ctrl+J复制选区图像，创建【图层4】，并设置图层【不透明度】数值为15%。

1.设置

3.2 偏色相片的处理

在拍摄数码相片的过程中，有时由于数码相机的白平衡设置不正确或受拍摄环境的光线影响，会导致相片画面中的颜色偏向某种颜色，这就是通常所说的【偏色】现象。用户通过Photoshop中的【信息】面板可以判断相片颜色偏向哪种颜色。使用Photoshop中的【色彩平衡】命令、【色阶】命令或【曲线】命令都可以修正偏色的相片。

3.2.1 使用【色阶】命令

使用Photoshop CS4应用程序中的【色阶】命令，不仅可以调整相片的明暗调，还可以调整相片文件的分色通道，改善相片偏色效果。在【色阶】对话框的【通道】下拉列表中，可以选择要调整的颜色通道。如果要同时编辑

多个颜色通道，可在执行【色阶】命令前，按住Shift键，再在【通道】面板中选择这些通道。

【例3-6】 使用【色阶】命令，修正偏色相片效果。 ◎视频+◎素材

① 在Photoshop CS4应用程序中，选择菜单栏中的【文件】|【打开】命令，打开一幅

相片图像。

⑫ 打开【调整】面板，在调整列表中单击【色阶】命令图标，设置输入色阶数值为0、1.14、240。

⑬ 在【通道】下拉列表中选择【蓝】，设置输入色阶数值为0、0.44、255。

⑭ 在【通道】下拉列表中选择【红】，设置输入色阶数值为0、0.96、255。

3.2.2　使用【曲线】命令

【曲线】命令也是用于调整图像色彩与色调的工具，它比【色阶】命令功能更强大。【色阶】命令只能调整白场、黑场和灰度系数，而【曲线】命令允许在图像的整个色调范围内（从阴影到高光）最多调整14个点。在所有调整工具中，曲线可以提供最为精确的调整结果。

【例3-7】 使用【曲线】命令，修正偏色相片效果。❤视频+❤素材

⑪ 在Photoshop CS4应用程序中，选择菜单栏中的【文件】|【打开】命令，打开一幅相片图像。

⑫ 打开【调整】面板，在调整列表中单击【曲线】命令图标，在【通道】下拉列表中选择【蓝】，并调整蓝通道曲线形状。

③ 选择【通道】下拉列表中选择【绿】，并调整绿通道曲线形状。

④ 选择【通道】下拉列表中的RGB选项，调整RGB通道曲线形状。

3.2.3 使用【色彩平衡】命令

【色彩平衡】命令可以修改图像总体颜色的混合，常用来进行普通的色彩校正。在对话框中，首先选择要修改的色调范围，包括【阴

影】、【中间调】或【高光】，然后拖动【色彩平衡】选项组中的滑块进行调整。如果选择【保持亮度】选项，可以保持图像的色调平衡，防止图像的亮度值随颜色的更改而改变。

【例3-8】 使用【色彩平衡】命令，修正偏色相片效果。 ◆视频+▣素材

① 在Photoshop CS4应用程序中，选择菜单栏中的【文件】|【打开】命令，打开一幅相片图像。

② 打开【调整】面板，在调整列表中单击【色彩平衡】命令图标，打开设置选项。设置色阶数值为–73、–3、100。

③ 选中【阴影】单选按钮，设置【色阶】数值为–16、10、10。

④ 选中【高光】单选按钮，设置【色阶】数值为0、0、54。

3.3 相片颜色效果处理

Photoshop应用程序除了可以修正拍摄时相片图像的各种偏色现象外，还可以用于为相片图像设置特定的颜色效果。

3.3.1 调整相片色调

使用Photoshop应用程序中的【变化】命令，可以更改相片的基本色调，使相片图像的色彩展现出完全不同的视觉效果。

在【变化】对话框的顶部有【原稿】和【当前挑选】两个缩览图，用户第一次打开对话框时，这两个缩览图中的图像是一样的，不过随着对图像颜色的调整，【当前挑选】缩览图中的图像将相应改变。若用户对调整处理后的图像效果不满意，单击【原稿】缩览图即可恢复【当前挑选】缩览图至初始状态。

此命令对于不需要进行精确颜色调整的平均色调图像最为有用，但不适用于索引颜色图像或16位/通道图像。

【例3-9】使用【变化】命令，调整相片色调效果。 视频+素材

❶在Photoshop CS4应用程序中，选择菜单栏中的【文件】|【打开】命令，选择打开一幅相片图像，并按快捷键Ctrl+J复制背景图层。

❷选择【图像】|【调整】|【变化】命令，打开【变化】对话框。

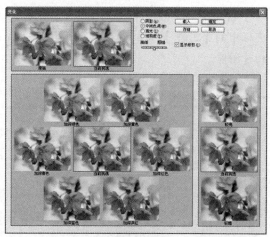

❸在【变化】对话框中，单击【加深黄色】和【加深青色】预览图，再单击【较亮】预览图，然后单击【确定】按钮应用设置。

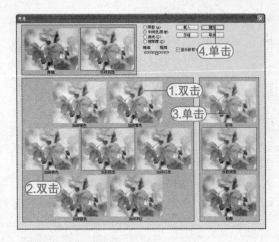

3.3.2 调整相片色温

在使用普通相机拍摄相片的过程中，使用颜色滤镜可以更强烈地表现景物，但数码相机一般都不带有这种功能。要想达到这种效果，可以使用Photoshop应用程序中提供的相片滤镜功能来实现。【相片滤镜】命令模仿在相机镜头前加彩色滤镜，以便调整通过镜头传输的光的色彩平衡和色温，使胶片曝光。

【例3-10】 使用【相片滤镜】命令，调整相片色温效果。 🎬视频+📁素材

01 在Photoshop CS4应用程序中，选择菜单栏中的【文件】|【打开】命令，打开一幅相片图像。

02 在【调整】面板的调整列表中单击【相片滤镜】命令图标，打开【相片滤镜】

命令选项。在【滤镜】下拉列表中选择【深黄】，设置【浓度】数值为65%。

3.3.3 替换相片中颜色

使用Photoshop应用程序中的【替换颜色】命令，可以以一种特定的颜色替换图像中所选择的那种颜色。通过【替换颜色】对话框，还可以详细地设置这种颜色的色相、饱和度和明度参数。

【例3-11】 使用【替换颜色】命令，替换相片中对象颜色。 🎬视频+📁素材

01 在Photoshop CS4应用程序中，选择菜单栏中的【文件】|【打开】命令，打开一幅相片图像，并按快捷键Ctrl+J复制背景图层。

02 选择【图像】|【调整】|【替换颜色】命令，打开【替换颜色】对话框。使用【吸管】工具在图像中单击。

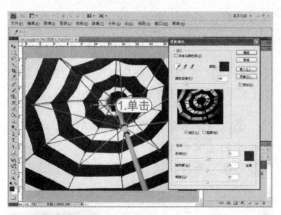

相片图像，并按快捷键Ctrl+J复制背景图层。

> **注意事项**
>
> 在选择要替换的颜色的过程中，如果不能准确地选择颜色范围，可以通过反复使用【添加到取样】工具和【从取样中减去】工具进行试验。

02　选择【滤镜】|【锐化】|【USM锐化】命令，打开【USM锐化】对话框。在对话框中设置【数量】为98%，【半径】为0.8像素，然后单击【确定】按钮。

03　在对话框中，设置【颜色容差】为200，【色相】为-148，【饱和度】为48，【明度】为10，然后单击【确定】按钮应用。

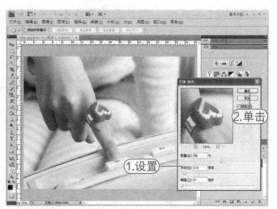

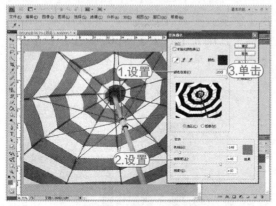

03　选择【图像】|【调整】|【色阶】命令，打开【色阶】对话框。设置【输入色阶】为30、1.20、235，然后单击【确定】按钮。

3.3.4 局部彩色效果

将彩色相片转换为黑白效果非常简单，如果要保留特定部位的色彩，使用Photoshop应用程序同样可以轻松完成。

【例3-12】　在Photoshop应用程序中，制作相片图像局部彩色效果。◎视频+◎素材

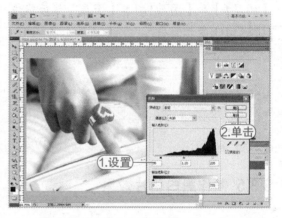

01　在Photoshop CS4应用程序中，选择菜单栏中的【文件】|【打开】命令，打开一幅

04　按快捷键Ctrl+J复制【图层1】，生成

【图层1副本】图层。选择【图像】|【调整】|【去色】命令，去除【图层1副本】图层中的颜色。

⑤ 选择【橡皮擦】工具，在选项栏的【模式】下拉列表中选择【画笔】，并选择柔角画笔样式，设置【不透明度】为20%，然后使用【橡皮擦】工具在【图层1副本】图层中擦除局部图像画面。

⑥ 在【图层】面板中，按住Ctrl键选中【图层1】和【图层1副本】图层，然后然快捷键Ctrl+E合并图层。

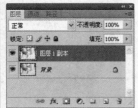

3.3.5 制作黑白相片效果

使用Photoshop应用程序中的【黑白】命令

可以将彩色图像转换为灰度图像，同时保持对各颜色转换方式的完全控制。

【例3-13】 在Photoshop应用程序中，使用【黑白】命令制作黑白图像效果。 视频+素材

① 在Photoshop CS4应用程序中，选择菜单栏中的【文件】|【打开】命令，打开一幅相片图像，并按快捷键Ctrl+J复制背景图层。

② 选择【滤镜】|【锐化】|【USM锐化】命令，打开【USM锐化】对话框。在对话框中，设置【数量】为50%，【半径】为1像素，然后单击【确定】按钮。

○ 专家指点 ○

除了可以使用【黑白】命令将图像转换为黑白效果外，还可以使用【图像】|【调整】|【去色】命令。【去色】命令将彩色图像转换为灰度图像，但图像的颜色模式保持不变。

③ 选择【图像】|【调整】|【黑白】命

令，打开【黑白】对话框。设置【红色】为25%，【黄色】为100%，【绿色】为20%，【青色】为-145%，【蓝色】为145%，【洋红】为-15%，然后单击【确定】按钮。

④ 按快捷键Ctrl+J复制【图层1】，生成【图层1副本】，然后在【图层】面板中，设置【图层1副本】混合模式为【柔光】。

3.4 特殊色调相片处理

在Photoshop应用程序中，可以通过【渐变映射】命令、【黑白】命令和【色相/饱和度】命令等为相片添加特定的色彩、色调效果。

3.4.1 制作单色相片效果

使用Photoshop应用程序中的相关命令，可以为相片图像添加单色效果。

1. 使用【渐变映射】命令

【渐变映射】命令可以将相等的图像灰度范围映射到指定的渐变填充色。

【例3-14】 使用【渐变映射】命令，制作单色相片效果。

① 在Photoshop CS4应用程序中，选择菜单栏中的【文件】|【打开】命令，选择打开一幅相片图像，并按快捷键Ctrl+J复制背景图层。

② 选择【图像】|【调整】|【渐变映射】命令，打开【渐变映射】对话框。在对话框中，单击渐变预览右侧的下拉面板按钮，打开下拉面板，然后单击面板右侧的 ▶ 按钮，在弹出的菜单中选择【简单】命令。在弹出的提示对话框中，单击【确定】按钮。

③ 在载入的渐变样式中，单击【浅棕色】渐变样式。

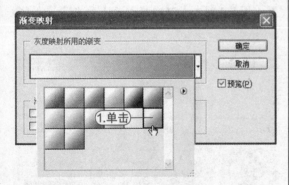

④ 在【渐变映射】对话框中，选中【反向】复选框，然后单击【确定】按钮应用【渐变映射】命令。

2. 使用【黑白】命令

使用【黑白】命令除了可以制作灰度图像外，还可以通过对图像应用色调来为灰度图像进行着色。

【例3-15】 使用【黑白】命令，制作单色相片效果。 视频+素材

---

① 在Photoshop CS4应用程序中，选择菜单栏中的【文件】|【打开】命令，打开一幅相片图像，并按快捷键Ctrl+J复制背景图层。

② 选择菜单栏中的【图像】|【调整】|【黑白】命令，打开【黑白】对话框。设置【红色】为20，【黄色】为142，【青色】为–130，【蓝色】为40，【洋红】为–60。

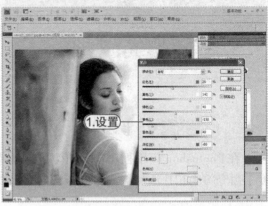

③ 选中【色调】复选框，设置【色相】为215°，【饱和度】为15%，然后单击【确定】按钮。

3. 使用【色相/饱和度】命令

使用【色相/饱和度】命令可以对灰度图像进行着色，制作单色图像。选择对话框中的【着色】复选框。如果前景色是黑色或白色，则图像会转换成红色色相（0度）；如果前景色不是黑色或白色，则会将图像转换成当前前景

色的色相，每个像素的明度值不改变。

【例3-16】　使用【色相/饱和度】命令，制作单色相片效果。　◎视频＋◎素材

01 在Photoshop CS4应用程序中，选择菜单栏中的【文件】|【打开】命令，打开一幅相片图像，并按快捷键Ctrl+J复制背景图层。

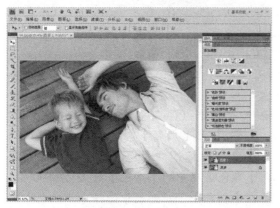

02 打开【调整】面板，在调整列表中单击【色相/饱和度】命令图标，打开设置选项。选中【着色】复选框，设置【色相】为60，【饱和度】为12。

3.4.2 制作中性色调相片效果

中性色调的相片颜色介于彩色与灰度之间，可以给人一种复古、高雅的感觉。

【例3-17】　在Photoshop应用程序中，制作中性色调相片效果。　◎视频＋◎素材

01 在Photoshop CS4应用程序中，选择菜

单栏中的【文件】|【打开】命令，打开一幅相片图像，按快捷键Ctrl+J复制背景图层。并设置【图层1】图层混合模式为【柔光】。

02 按快捷键Ctrl+Alt+Shift+E盖印图层，生成【图层2】，选择【图像】|【模式】|【Lab颜色】命令，在打开的提示对话框中，单击【不拼合】按钮。

03 打开【通道】面板，选择【明度】通道，按快捷键Ctrl+A全选，并按快捷键Ctrl+C复制。

04 选择【窗口】|【历史记录】命令，打开【历史记录】面板。在【历史记录】面板中，单击回到Lab颜色之前的一步（即盖印图层那一步）。

05 回到【图层】面板，新建一个图层按快捷键Ctrl+V粘贴，然后把图层不透明度改为70%。

06 按快捷键Shift+Alt+Ctrl+E新建盖印图层，设置【混合模式】为【滤色】，【不透明度】为30%。

07 按快捷键Shift+Ctrl+Alt+E盖印图层，

选择【图像】|【应用图像】命令。在【混合】下拉列表中选择【柔光】，设置【不透明度】为30%，然后单击【确定】按钮。

08 打开【调整】面板，单击【可选颜色】命令图标，打开设置选项。设置【红色】颜色选项中的【青色】数值为-100%。再在【颜色】下拉列表中选择【中性色】，设置【青色】数值为10%。

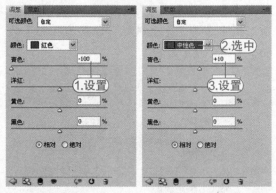

○ 专家指点 ○

通过创建以【色阶】、【色彩平衡】、【曲线】等调整命令功能为基础的调整图层，用户可以单独对下方图层中的图像进行调整处理，而不会破坏下方的原图像文件。要创建调整图层，可选择菜单栏中的【图层】|【新建调整图层】命令，然后在其子菜单中选择所需的调整命令；或在【图层】面板中单击【创建新的填充或调整图层】按钮，在打开的菜单中选择相应的调整命令；或直接在【调整】面板中单击需要的命令图标进行创建。

09 选中【图层5】，选择【滤镜】|【锐化】|【USM锐化】命令，打开【USM锐化】对话框。在对话框中，设置【数量】为60%，【半径】为2像素，然后单击【确定】按钮。

3.4.3 制作双色调相片效果

使用【渐变映射】命令还可以制作双色调相片效果。在对话框中指定双色渐变填充，图像中的阴影会映射到渐变填充的一个端点颜色，高光会映射到另一个端点颜色，而中间调映射到两个端点颜色之间的渐变。

【例3-18】 在Photoshop应用程序中，制作双色调相片效果。◎视频+◎素材

01 在Photoshop CS4应用程序中，选择菜单栏中的【文件】|【打开】命令，选择打开一幅相片图像，并按快捷键Ctrl+J复制背景图层，然后选择【图像】|【调整】|【去色】命令。

02 按快捷键Ctrl+J复制【图层1】，生成

【图层1副本】。选择【滤镜】|【艺术效果】|【干画笔】命令，打开【干画笔】对话框。设置【画笔大小】为2，【画笔细节】为10，【纹理】为1，然后单击【确定】按钮。

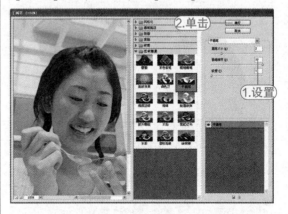

03 在【图层】面板中，设置图层混合模式为【线性光】，【不透明度】数值为35%。

04 按快捷键Ctrl+J复制【图层1副本】，生成【图层1副本2】。然后设置图层【混合模式】为【正常】，【不透明度】为100%。

05 选择【滤镜】|【艺术效果】|【绘画涂抹】命令，打开【绘画涂抹】对话框。设置【画笔大小】为30，【锐化程度】为0，然后

单击【确定】按钮。

⑥ 在【图层】面板中，设置图层混合模式为【变暗】，【不透明度】数值为30%。

⑦ 打开【调整】面板，在调整列表中单击【渐变映射】命令图标，打开设置选项。单击渐变预览，打开【渐变编辑器】对话框，设置渐变样式为RGB=12、6、102到RGB=233、150、5到RGB=248、234、195，然后单击【确定】按钮。

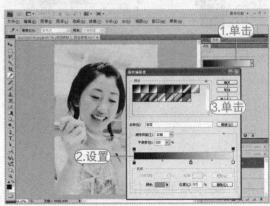

Chapter

04

问题相片处理方法

拍摄数码相片时，常因为拍摄设备或环境光线的原因，造成相片存在不同程度的瑕疵。使用Photoshop应用程序可以处理数码相片中紫边、红眼、模糊、曝光不足等问题。

■ 相片瑕疵处理
■ 相片图像修复
■ 提高图像清晰度
■ 光线问题处理

 参见随书光盘

例4-1 去除相片中的多余对象　　例4-2 去除相片中的紫边现象

例4-3 去除人物相片中的红眼现象　　例4-4 修复褪色相片图像

例4-5 修补损伤相片　　例4-6 锐化相片画面

例4-7 去除相片图像中的噪点现象　　例4-8 提高相片层次感

例4-9 调整曝光过度的相片　　例4-10 调整曝光不足的相片

例4-11 调整逆光的相片　　例4-12 调整单侧光源拍摄的相片

例4-13 调整大反差的相片

4.1 相片瑕疵处理

在相片拍摄的过程中，经常会因为拍摄环境或是拍摄设备的原因，使拍出的相片出现一些问题，如紫边、红眼等。使用Photoshop应用程序中提供的工具可以去除相应的相片问题。

4.1.1 去除多余对象

在拍摄相片时，常会在构图中出现不需要的对象。这时，可以使用Photoshop应用程序中的【修复画笔】工具对画面中多余的对象进行去除。

【修复画笔】工具可用于校正图像瑕疵，使它们消失在周围的像素中。使用【修复画笔】工具可以利用图像或图案中的样本像素来绘画，并能够将样本像素的纹理、光照、透明度和阴影与所修复的像素进行匹配，从而使修复后的图像无人工痕迹。

【例4-1】 使用【修复画笔】工具去除相片中的多余对象。📹视频+📁素材

01 在Photoshop CS4应用程序中，选择菜单栏中的【文件】|【打开】命令，打开一幅相片图像，并按快捷键Ctrl+J复制背景图层。

02 选择【图像】|【调整】|【色阶】命令，打开【色阶】对话框。设置【输入色阶】数值为0、1.32、207，然后单击【确定】按钮。

03 按快捷键Ctrl++，放大图像画面。然后在【工具】面板中，选择【修复画笔】

工具，在选项栏的【模式】下拉列表中选择【替换】选项。

画笔● 19 模式：替换 源：◉取样

专家指点

还可以通过以下快捷键设置【画笔】参数：按下键盘中的<或>键可以循环切换画笔笔尖的形状；按下【或】键可以调整画笔的直径，按下快捷键Shift+【或快捷键Shift+】则可以调整画笔笔尖硬度。

04 在图像中，按住Alt键再单击设置修复源，然后使用【修复画笔】工具在需要修复的位置涂抹。

⑤ 重复执行步骤4，去除画面中的多余对象。在操作过程中，可根据画面情况，适当调节画笔的大小。

4.1.2　去除相片图像中的紫边

在拍摄高反差、强逆光对象时，相片中的对象边缘有时会出现【紫边】现象。对于这种现象，在Photoshop应用程序中，用户可以使用【色相/饱和度】命令修复。

【例4-2】 使用【色相/饱和度】命令，去除相片中的紫边现象。 视频+素材

① 在Photoshop CS4应用程序中，选择菜单栏中的【文件】|【打开】命令，打开一幅相片图像。

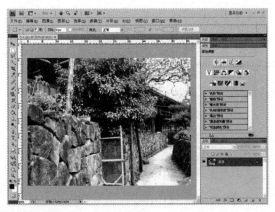

② 使用【缩放】工具放大图像。打开【调整】面板，在调整列表中单击【色相/饱和度】命令图标。

③ 打开【色相/饱和度】设置选项。在【编辑】下拉列表中选择【蓝色】选项，然后使用【吸管】工具单击相片紫边颜色区域。设置【饱和度】数值为-100，【明度】数值为-80。

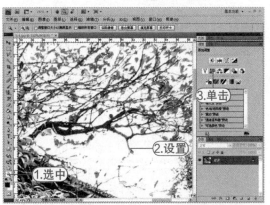

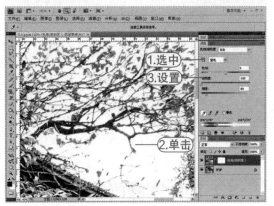

专家指点

使用【色相/饱和度】对话框中的【吸管】工具 ，在图像中单击可选择颜色；使用【添加到取样】按钮 ，在图像中单击可在原有的调整色彩范围内增加色彩范围；使用【从取样中减去】按钮 ，在图像中单击可在原有的调整色彩范围内减少色彩范围。

4.1.3　去除红眼

在拍摄室内和夜景相片时，常常会出现相片中人物眼睛发红的现象，这就是通常说的【红眼】现象。它是由于拍摄环境的光线和摄影角度不当，而导致的数码相机不能正确识别

人眼颜色。使用Photoshop应用程序中的【红眼】工具可移去用闪光灯拍摄的人像或动物相片中的红眼，也可以移去用闪光灯拍摄的动物相片中的白色或绿色反光。

【例4-3】 使用【红眼】工具去除人物相片中的红眼现象。 ◆视频+素材

①在Photoshop CS4应用程序中，选择菜单栏中的【文件】|【打开】命令，打开一幅相片图像，并按快捷键Ctrl+J复制背景图层。

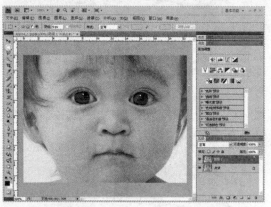

②选择【工具】面板中的【红眼】工

具，在选项栏中设置【瞳孔大小】为50%，【变暗量】为50%。然后使用【红眼】工具单击人物瞳孔的位置。

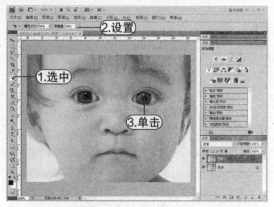

○ 专家指点 ○

选择【工具】面板中的【红眼】工具后，在图像文件中的红眼部位单击即可。如果对修正效果不满意，可还原修正操作，在其选项栏中，重新设置【瞳孔大小】数值，增大或减小受红眼工具影响的区域。【变暗量】数值用于设置校正的暗度。

4.2 相片图像修复

使用Photoshop应用程序，可以对年代久远、受损的相片图像进行修复，如修复褪色的相片、去除相片上的污渍。

4.2.1 修复褪色相片

年代久远的相片会出现不同程度的褪色现象。使用Photoshop应用程序中的多种命令可以改善这种褪色现象，使相片重新恢复鲜艳色彩效果。

【例4-4】 在Photoshop应用程序中，修复褪色相片图像。 ◆视频+素材

①在Photoshop CS4应用程序中，选择菜单栏中的【文件】|【打开】命令，打开一幅相片图像。选择【工具】面板中的【裁剪】工具，裁剪图像边缘。

②按快捷键Ctrl+J复制背景图层，选择【图像】|【调整】|【亮度/对比度】命令，打开【亮度/对比度】对话框。设置【亮度】数值为−35，【对比度】数值为60，然后单击

【确定】按钮。

03 选择【滤镜】|【锐化】|【USM锐化】命令，打开【USM锐化】对话框。设置【数量】为120%，【半径】为1.5像素，然后单击【确定】按钮。

04 打开【调整】面板，在调整列表中单击【色阶】命令图标，打开设置选项。在【通道】下拉列表中选择【绿】，设置色阶数值为0、0.85、233。

05 在【通道】下拉列表中选择【红】，

设置【输入色阶】数值为0、0.95、210。

06 在【通道】下拉列表中选择【蓝】，设置【输入色阶】数值为22、0.90、215。

07 单击【返回到调整列表】按钮，在调整列表中单击【色彩平衡】命令图标，打开设置选项。设置中间调色阶数值为0、30、30。

4.2.2 修补损伤相片

保存不当的相片，可能会产生折痕和污

渍。用户可以使用Photoshop应用程序中的【仿制图章】工具对有折痕和污渍的相片进行修补，使图像画面重新变得平整、干净。【仿制图章】工具是合成图像时非常有用的工具之一，它能够将一幅图像的全部或部分复制到同一幅图像或其他图像中。

【例4-5】 在Photoshop应用程序中，修补损伤相片。 ◎视频+ ◎素材

01 在Photoshop CS4应用程序中，选择菜单栏中的【文件】|【打开】命令，打开一幅相片图像，并按快捷键Ctrl+J复制背景图层。

02 选择【仿制图章】工具，在工具选项栏中，设置画笔样式为【柔角40像素】。按

住Alt键，并在图像中单击取样点。释放Alt键，在图像中移动鼠标修复图像画面。

03 重复进行步骤2的操作，修复图像中有污渍的部分。

4.3 提高图像清晰度

在拍摄相片时，常会因为相机焦距调节的不准确，或是手持相机不稳，造成相片画面发虚的现象。使用Photoshop应用程序可以整体调整相片画面模糊的现象。

4.3.1 锐化相片图像

在Photoshop应用程序中，可用【高反差保留】滤镜命令和图层混合模式修复画面模糊的相片。【高反差保留】滤镜可在有强烈颜色转变发生的地方按指定的半径保留边缘细节。并且不显示图像的其余部分。

【例4-6】 使用【高反差保留】命令，锐化相片画面。 ◎视频+ ◎素材

01 在Photoshop CS4应用程序中，选择菜单栏中的【文件】|【打开】命令，打开一幅相片图像，并按快捷键Ctrl+J复制背景图层。

⓪② 选择【滤镜】|【其他】|【高反差保留】命令，打开【高反差保留】对话框，设置【半径】数值为3像素，然后单击【确定】按钮。

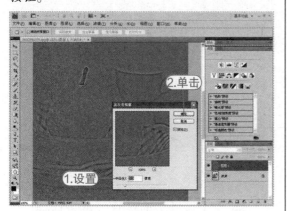

⓪③ 设置【图层1】图层混合模式为【叠加】，并按快捷键Ctrl+Alt+E盖印图层。

⓪④ 选择【滤镜】|【锐化】|【USM锐化】命令，打开【USM锐化】对话框。设置【数量】为60%，【半径】为1像素，然后单击【确定】按钮。

4.3.2 去除噪点

在环境光线较暗的情况下，使用数码相机以慢快门或高ISO感光度进行拍摄，会使拍摄出的相片画面出现大量的噪点。要修正相片噪点问题，需要通过分别对各通道进行模糊、锐化设置来完成。

【例4-7】 使用Photoshop应用程序，去除相片图像中的噪点现象。视频+素材

⓪① 在Photoshop CS4应用程序中，选择菜单栏中的【文件】|【打开】命令，打开一幅相片图像。

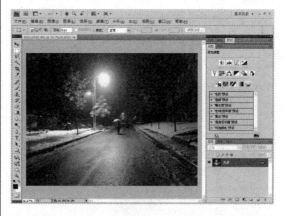

⓪② 在【调整】面板中，单击调整列表中的【色彩平衡】命令图标，打开设置选项。设置【中间调】色阶为-73、8、10。

⓪③ 选中【高光】单选按钮，设置色阶数值为10、5、38。

④ 按快捷键Ctrl+E合并图层，并按快捷键Ctrl+J复制背景图层。选择菜单栏中的【图像】|【模式】|【Lab颜色】命令，对相片的颜色模式进行修改，在弹出的提示对话框中单击【不拼合】按钮。

注意事项

Lab颜色模式是所有颜色模式中包含色彩范围最广泛的。Lab颜色模式的亮度(L)范围是0~100。在Adobe拾色器和【颜色】面板中，a(绿色-红色轴)和b(蓝色-黄色轴)的范围是-128~127。Lab颜色模式描述的是颜色的显示方式，而不是设备生成颜色所需的特定色料的数量，通常在不同系统和平台之间进行交换时使用。

⑤ 在【通道】面板，单击选择a通道，并打开Lab通道视图。选择菜单栏中的【滤镜】|【模糊】|【高斯模糊】命令，在打开的

【高斯模糊】对话框中，设置半径为9像素，单击【确定】按钮关闭对话框，对a通道进行模糊处理。

⑥ 在【通道】面板中，单击选择b通道。选择菜单栏中的【滤镜】|【模糊】|【高斯模糊】命令，在打开的【高斯模糊】对话框中，设置半径12像素，单击【确定】按钮关闭对话框，对b通道进行模糊处理。

⑦ 在【通道】面板中，单击选择【明度】通道。选择菜单栏中的【滤镜】|【模糊】|【高斯模糊】命令，在打开的【高斯模糊】对话框中，设置【半径】为1.5像素，单击【确定】按钮关闭对话框，对明度通道进行模糊处理。

⑧ 选择菜单栏中的【滤镜】|【锐化】|【USM锐化】命令，在打开的【USM锐化】对话框中，设置数量为160%，半径为3像素，阈值为1色阶，单击【确定】按钮关闭对话框，对明度通道进行锐化。

⑨ 单击选择Lab通道。选择菜单栏中的【图像】|【模式】|【RGB颜色】命令，将图像的色彩模式转换为RGB模式，在弹出的提示对话框中单击【不拼合】按钮。

4.3.3 提高相片层次感

通过转换颜色模式和使用滤镜命令，可以增加相片的细节层次效果。通过将相片设置为Lab颜色模式，并对明度通道进行锐

化，可以增加相片的层次感。

【例4-8】 使用Photoshop应用程序，提高相片层次感。 🎬视频+📄素材

⓵ 在Photoshop CS4应用程序中，选择菜单栏中的【文件】|【打开】命令，打开一幅相片图像，并按快捷键Ctrl+J复制背景图层。

⓶ 选择【图像】|【模式】|【Lab颜色】命令，将相片的颜色模式进行转变。在弹出的提示对话框中，选择【不拼合】按钮。

⓷ 选择【通道】面板，单击【明度】通道。对【明度】通道进行设置不改变画面颜色，只对图像明暗、对比进行调整。打开Lab通道视图。

⓸ 选择【滤镜】|【锐化】|【USM锐化】命令，在打开的【USM锐化】对话框中设置【数量】为190%，【半径】为6像素，【阈值】为6色阶，单击【确定】按钮关闭对话框。

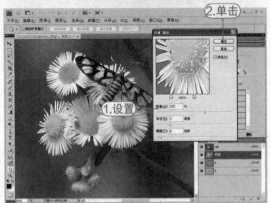

⑤ 选择菜单栏中的【图像】|【模式】|【RGB颜色】命令，将相片图像的模式转换为【RGB颜色】，在弹出的提示对话框中选择【不拼合】按钮。

◎ 专家指点

RGB是测光颜色模式，R代表Red(红色)，G代表Green(绿色)，B代表Blue(蓝色)。这3种色彩叠加形成其他颜色，因为3种颜色每一种都有256个亮度水平级，所以彼此叠加就能形成1670万种颜色。RGB颜色模式因为是由红、绿、蓝相叠加形成其他颜色，因此也叫做加色模式。其生成的图像色彩均由RGB的数值决定。当R、G、B数值均为0时，为黑色；当R、G、B数值均为255时，为白色。

4.4 光线问题处理

在拍摄相片时，环境光源常会影响相片的拍摄效果。在光线较暗或是背向光源的情况下，拍摄的相片会出现不同程度的曝光问题。使用Photoshop应用程序中的相关命令可以调整各种相片曝光问题。

4.4.1 调整曝光过度的相片

在拍摄相片时，如果曝光过度会造成相片过亮而丢失细节。使用Photoshop应用程序中的相关命令，可以改善这一状况。

【例4-9】 使用Photoshop应用程序，调整曝光过度的相片。 ◆视频＋◎素材

① 在Photoshop CS4应用程序中，选择菜单栏中的【文件】|【打开】命令，打开一幅相片图像，并按快捷键Ctrl+J复制背景图层。

⑫ 选择菜单栏中的【滤镜】|【风格化】|【曝光过度】命令。

✦注意事项✦

【曝光过度】滤镜可以混合负片和正片图像，产生类似于显影过程中将摄影相片短暂曝光的效果。

⑬ 在【图层】面板中，设置图层【混合模式】为【差值】，【不透明度】数值为60%。

4.4.2 调整曝光不足的相片

拍摄相片时，常会遇到拍摄的对象位于光线较暗的环境中，例如逆光拍摄、傍晚拍摄或是阴天拍摄。对于这类相片，可以通过Photoshop应用程序轻松恢复效果。

【例4-10】 使用Photoshop应用程序，调整曝光不足的相片。◆视频+◆素材

⑪ 在Photoshop CS4应用程序中，选择菜单栏中的【文件】|【打开】命令，打开一幅相片图像，并按快捷键Ctrl+J复制背景图层。

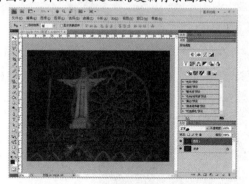

⑫ 打开【调整】面板，在调整列表中单击【亮度/对比度】图标命令，打开【亮度/对比度】选项。设置【亮度】数值为130，【对比度】数值为85。

⑬ 选中【图层1】，选择【滤镜】|【锐化】|【USM锐化】命令，打开【USM锐化】对话框。设置【数量】为55%，【半径】为2像素，然后单击【确定】按钮。

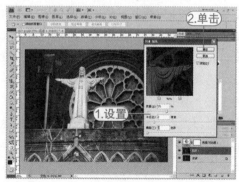

⑭ 选择【滤镜】|【杂色】|【减少杂色】命令，打开【减少杂色】对话框。设置【强度】为10，【保留细节】为60%，【减少杂色】为80%，【锐化细节】为40%，然后单击【确定】按钮。

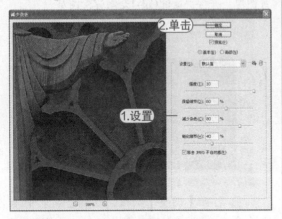

⑮ 在【调整】面板的调整列表中，单击【可选颜色】命令图标，打开设置选项。在【颜色】下拉列表中选择【青色】，然后设置【青色】数值为-100%。

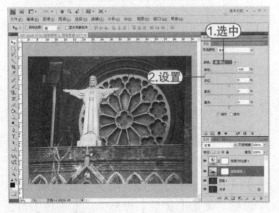

◖**专家指点**◗

【色调均化】命令可以使图像中像素的亮度值重新分布，以便均匀地呈现所有范围的亮度级。此命令将重新映射复合图像中的像素值，使最亮的值呈现为白色，最暗的值呈现为黑色，而中间的值均匀地分布在整个灰度中。当扫描后的图像比原图暗，又想平衡这些值以产生较亮的图像时，可以使用【色调均化】命令处理。

4.4.3 调整逆光的相片

逆光情况下拍摄的相片，常因为景物背后的强烈光源使景物阴影部分细节损失。要修复逆光拍摄的相片，需灵活的使用Photoshop应用程序中的多个相关命令。

【例4-11】 使用Photoshop应用程序，调整逆光的相片。◈视频＋◲素材

⓵ 在Photoshop CS4应用程序中，选择菜单栏中的【文件】|【打开】命令，打开一幅相片图像，并按快捷键Ctrl+J复制背景图层。

⓶ 选择【图像】|【调整】|【阴影/高光】命令，打开【阴影/高光】对话框。设置阴影【数量】为60%，然后单击【确定】按钮。

⓷ 打开【调整】面板，在调整列表中单击【色阶】命令图标，打开设置选项。设置【输入色阶】数值为0、1.35、189。

04 选择【画笔】工具，在选项栏中设置画笔为柔角900px，设置【不透明度】数值为45%，然后使用【画笔】工具在【色阶1】调整图层蒙版中涂抹。

05 按快捷键Shift+Ctrl+Alt+E合并生成新图层。选择【滤镜】|【锐化】|【USM锐化】命令，打开【USM锐化】对话框。设置【数量】为60%，【半径】为1像素，然后单击【确定】按钮。

06 在【调整】面板的调整列表中，单击【亮度/对比度】命令图标，打开设置选项。设置【亮度】数值为25，然后单击【返回到调整列表】按钮。

07 在调整列表中，单击【可选颜色】命令图标。在【颜色】下拉列表中选择【青色】，设置【青色】为-75%，【洋红】为

08 在【颜色】下拉列表中选择【黄色】，设置【青色】为100%，【洋红】为25%。

4.4.4 调整单侧光源拍摄的相片

在光源偏向一侧时，拍摄的相片常常会出现处于背光的区域细节丢失的现象。在Photoshop应用程序中，可以通过相关命令解决这一问题。

【例4-12】 使用Photoshop应用程序，调整单侧光源拍摄的相片。（✦视频+🎨素材）

01 在Photoshop CS4应用程序中，选择菜单栏中的【文件】|【打开】命令，打开一幅相片图像，并按快捷键Ctrl+J复制背景图层。

02 打开【调整】面板，在调整列表中单击【曲线】命令图标。在设置选项中调整RGB曲线形状。

03 选择【工具】面板中的【画笔】工具，在选项栏中设置画笔样式为【柔角300】，设置【不透明度】为20%，然后使用【画笔】工具在【曲线1】调整面板中涂抹人

物面部暗色以外的区域。

04 按快捷键Shift+Ctrl+Alt+E盖印图层，生成【图层2】，然后选择【滤镜】|【锐化】|【USM锐化】命令，打开【USM锐化】对话框。设置【数量】为100%，【半径】为1像素，然后单击【确定】按钮应用。

05 在【调整】面板的调整列表中，单击【色彩平衡】命令图标。在打开的设置选项中，设置【中间调】色阶数值为20、6、6。

4.4.5 调整大反差的相片

在明暗对比过强的相片中，要想使人物的肤色有所改善，使用一般的调整方法很容易使相片曝光过度；使用【色阶】、【曲线】命令来提亮相片，也会造成细节的丢失。本例介绍的操作方法可以有效解决这一问题。

【例4-13】 使用Photoshop应用程序，调整大反差的相片。 ⊙视频+⊙素材

⓪1 在Photoshop CS4应用程序中，选择菜单栏中的【文件】|【打开】命令，打开一幅相片图像，并按快捷键Ctrl+J复制背景图层。

⓪2 选择【图像】|【计算】命令，打开【计算】对话框。在【源2】选项区域的【通道】下拉列表中选择【灰色】选项，选中【反相】复选框，然后单击【确定】按钮。

专家指点

【计算】命令可以用于混合两个来自一个或多个源图像的单个通道，然后可以将结果应用到新图像、新通道、当前图像的当前选区。如果使用了多个源图像，则这些图像的像素尺寸必须相同。

⓪3 选择【图像】|【计算】命令，打开【计算】对话框。在对话框的【混合】下拉列表中选择【强光】选项，然后单击【确定】按钮。

⓪4 在【通道】面板中，按住Ctrl键并单击Alpha2通道缩览图，在弹出的提示框中，单击【确定】按钮。

⓪5 单击RGB通道，然后在【调整】面板的调整列表中单击【曲线】命令图标，调整RGB曲线形状。

⓪6 在【图层】面板中，选中【图层1】图层。选择【滤镜】|【杂色】|【蒙尘与划

痕】命令，打开【蒙尘与划痕】对话框。在对话框中，设置【半径】为2像素，【阈值】为0色阶，然后单击【确定】按钮。

整图层中使用【画笔】工具涂抹需要加深的部位。

⑦ 在【图层】面板中，设置【图层1】图层混合模式为【滤色】，【不透明度】为35%。

⑨ 单击【调整】面板中的【返回到调整列表】按钮，在调整列表中单击【色彩平衡】命令图标。设置【中间调】色阶数值为45、0、−10。

⑩ 选中【高光】单选按钮，设置【高光】色阶数值为0、−5、−30。

⑧ 选择【画笔】工具，在【曲线1】调

Chapter

05

人物相片处理技巧

拍摄的人物相片常常会存在很多细节瑕疵，如杂乱的背景及脸上的雀斑、皱纹、黑眼圈、发黄的牙齿，让相片的美观性大打折扣。使用Photoshop应用程序中的简单命令，即可消除这些缺陷。

- ■ 人像祛斑
- ■ 人像去皱
- ■ 去除眼袋
- ■ 美白牙齿
- ■ 美白肤色
- ■ 人像上妆
- ■ 更换服装颜色
- ■ 更换人像背景
- ■ 人像瘦身

参见随书光盘

例5-1 去除人像雀斑　　　　例5-2 去除人像皱纹

例5-3 去除人像眼袋　　　　例5-4 美白人像牙齿

例5-5 美白人像肤色　　　　例5-6 为人像上妆

例5-7 更换人像服装颜色　　例5-8 更换人像背景

5.1　人像祛斑

在拍摄人像时，常常会因为其脸上有雀斑、青春痘等问题让人觉得不尽如人意。我们可以利用Photoshop中的【修复画笔】工具对局部进行处理，即可将这些影响美观的杂点去除。

【例5-1】　使用Photoshop应用程序，去除人像雀斑。 ◎视频+◎素材

01 在Photoshop CS4应用程序中，选择菜单栏中的【文件】|【打开】命令，打开一幅相片图像，并按快捷键Ctrl+J复制背景图层。

02 选择【工具】面板中的【修复画笔】工具，在选项栏中设置画笔大小。按快捷键Ctrl++，放大人物面部。

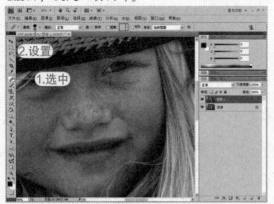

03 按住Alt键，当鼠标指针变为十字圆形时，在人物面部没有雀斑的区域单击鼠标左

键，建立取样点。松开Alt键，然后将鼠标指针移至面部雀斑处涂抹，遇到细小的地方，可将【修复画笔】工具的笔刷直径调小。在修复的过程中要随时调整取样点，这样修复出来的图像会更真实一些。

04 按快捷键Ctrl+-缩小相片视图观察处理前后的效果，可以发现处理过的部分的皮肤明显显得更加光滑一些。按照这个方法对需要处理的其他部分，进行相同操作。

5.2　人像去皱

在处理老年人的相片时，我们可以通过去除人物面部的皱纹使人物变得容颜焕发。这可以使用Photoshop中的【仿制图章】工具。

【例5-2】 使用Photoshop应用程序，去除人像皱纹。◆视频+◆素材

01 在Photoshop CS4应用程序中，选择菜单栏中的【文件】|【打开】命令，打开一幅相片图像，并按快捷键Ctrl+J复制背景图层。

02 选择【图像】|【调整】|【色阶】命令，打开【色阶】对话框。在对话框中设置【输入色阶】数值为10、1.17、231，然后单击【确定】按钮。

03 选择【滤镜】|【锐化】|【USM锐化】命令，打开【USM锐化】对话框，设置【数量】数值为30%，【半径】数值为1像素，然后单击【确定】按钮。

04 按快捷键Ctrl++放大观察人像额头部位的皱纹，选择【工具】面板中的【仿制图章】工具，在选项栏中设置【不透明度】数值为60%，图章大小根据使用部位而定。

05 按住Alt键设置仿制图像区域，释放Alt键后使用【仿制图章】工具在皱纹部位进行涂抹。

06 重复步骤5的操作完成修复效果。并按快捷键Ctrl+J复制【图层1】，生成【图层1副本】图层。

07 选择【滤镜】|【杂色】|【蒙尘与划痕】命令，打开【蒙尘与划痕】对话框，设置【半径】为1像素，【阈值】为1色阶，然后单击【确定】按钮。

08 在【图层】面板中，设置【图层1副本】的图层【混合模式】为【柔光】，【不透明度】为45%。

○ 专家指点

【柔光】模式可以使颜色变暗或变亮，具体情况取决于混合色。如果混合色比50%灰色亮，则图像变亮；如果混合色比50%灰色暗，则图像变暗。

5.3 去除眼袋

拍摄人像相片时，一双美丽的眼睛会让人物显得神采奕奕。但实际拍摄中，常会因为睡眠不足或环境光线等原因，使人物出现眼袋较重的状况。使用Photoshop应用程序中的【修补】工具可以去除人物眼袋。

【例5-3】 使用Photoshop应用程序，去除人像眼袋。 视频+素材

01 在Photoshop CS4应用程序中，选择菜单栏中的【文件】|【打开】命令，打开一幅相片图像，并按快捷键Ctrl+J复制背景图层。

02 打开【调整】面板，在调整列表中单击【曲线】命令图标，打开设置选项。在【通道】下拉列表中选择【蓝】选项，然后调整曲线形状。

03 选中【图层1】图层，选择【滤镜】|

【锐化】|【USM锐化】命令，打开【USM锐化】对话框。在对话框中，设置【数量】为60%，【半径】为2像素，然后单击【确定】按钮。

颜色修补眼袋部位。

⑤ 使用与步骤4相同的操作方法，去除另一侧的眼袋效果。

◯ 专家指点 ◯

【修补】工具可以用其他区域或图案中的像素来修复选中的区域。像【修复画笔】工具一样，【修补】工具会将样本像素的纹理、光照和阴影与源像素进行匹配。

④ 选择【修补】工具，在选项栏中选中【源】单选按钮，然后在图像中的眼袋位置绘制选区，并向下拖拽选区，以其他部位的

5.4 美白牙齿

在实际生活中，我们的牙齿常常不能像牙膏广告的模特一样洁白，我们可以通过Photoshop的简单功能来实现牙齿美白效果，使相片中的人像表现出完美笑容。

【例5-4】 使用Photoshop应用程序，美白人像牙齿。◆视频 + ◆素材

① 在Photoshop CS4应用程序中，选择菜单栏中的【文件】|【打开】命令，打开一幅相片图像。

② 选择【工具】面板中的【钢笔】工具，在选项栏中单击【路径】按钮，然后使用【钢笔】工具勾选牙齿的部分。

③ 选择【路径】面板，单击【将路径作为选区载入】按钮将路径转换为选区。

④ 选择菜单栏中的【选择】|【修改】|【羽化】命令，在打开的【羽化选区】对话框中设置【羽化半径】为2像素，单击【确定】按钮关闭对话框。

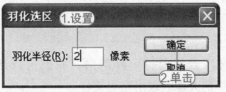

⑤ 选择菜单栏中的【图像】|【调整】|【色相/饱和度】命令，设置【色相】数值为4，【饱和度】数值为－10，【明度】数值为10，然后单击【确定】按钮应用。

⑥ 在【调整】面板中，单击【曲线】命令图标，创建【曲线】调整图层。在打开的【曲线】设置区中，进行调整设置，完成人物牙齿的美白。

5.5 美白肤色

美白肤色可以使人像整体感觉发生改变，使人物看上去容光焕发。要改善相片中人物的肤色问题，可以通过使用Photoshop应用程序命令，配合图层混合模式的综合处理来完成。

【例5-5】 使用Photoshop应用程序，美白人像肤色。 ✦视频+✦素材

① 在Photoshop CS4应用程序中，选择菜单栏中的【文件】|【打开】命令，打开一幅

相片图像。

② 在【通道】面板中，选中【蓝】通道，将其拖动至【创建新通道】按钮上释放，创建【蓝副本】通道。

⑥ 按快捷键Shift+Ctrl+Alt+E合并可见图层至新图层【图层1】。然后按快捷键Ctrl+J复制【图层1】。

③ 选择【滤镜】|【其他】|【高反差保留】命令，打开【高反差保留】对话框。在对话框中，设置【半径】数值为7.5像素，然后单击【确定】按钮。

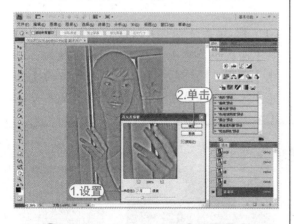

④ 按住Ctrl键，再单击【蓝副本】通道载入选区，然后单击RGB通道。

⑤ 返回【图层】面板，打开【调整】面板。在调整列表中单击【曲线】命令图标，然后调整RGB通道曲线形状。

⑦ 在【图层】面板中，设置【图层1副本】图层的【混合模式】为【滤色】，【不透明度】数值为40%。

⑧ 在【图层】面板中，选中【背景】图层，将其拖动至【创建新图层】按钮上释放，创建【背景副本】图层，并将【背景副本】图层调整到最上层。

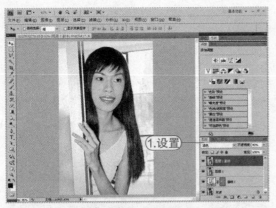

⑩ 在【图层】面板中，设置【背景副本】图层的【混合模式】为【叠加】。

⑨ 选择【滤镜】|【其他】|【高反差保留】命令，打开【高反差保留】对话框。在对话框中，设置【半径】数值为1像素，然后单击【确定】按钮。

5.6 人像上妆

使用Photoshop应用程序中的【画笔】工具，可以轻松地为相片中的人像添加彩妆效果。

【例5-6】 使用Photoshop应用程序，为人像上妆。 🎬视频+📁素材

① 在Photoshop CS4应用程序中，选择菜单栏中的【文件】|【打开】命令，打开一幅相片图像，并按快捷键Ctrl+J复制背景图层。

② 按快捷键Ctrl++放大图像。在【图层】面板中，单击【创建新图层】按钮，创建【图层2】。选择【工具】面板中的【画笔】工具，在选项栏中设置画笔样式，设置【不透明度】数值为40%。

⓪③ 在【颜色】面板中，将前景色设置为 RGB= 177、9、226，在【图层】面板中，设置【图层2】的图层【混合模式】为【柔光】，然后在相片中适当位置大致涂抹。

⓪④ 选择【工具】面板中的【橡皮擦】工具，在选项栏中设置样式为边缘柔和的画笔，大小根据情况而定；设置【不透明度】数值为15%，并在【图层2】中对添加的色彩进行修整。

5.7 更换服装颜色

使用Photoshop应用程序可以为人物对象随意更换服装颜色，从而获得理想的效果。

【例5-7】 使用Photoshop应用程序，更换人像服装颜色。●视频+●素材

⓪① 在 Photoshop CS4 应用程序中，选择菜单栏中的【文件】|【打开】命令，打开一幅相片图像。

打开的【拾取器】对话框中设置填充的纯色为 RGB=65、122、30，单击【确定】按钮关闭对话框。

⓪② 放大图像，选择【工具】面板中的【磁性套索】工具，在选项栏中设置【羽化】数值为1px，然后勾选人物衣服部分建立选区。

⓪③ 保持选区的选中状态，返回【图层】面板，单击【创建新的填充或调整图层】按钮，在弹出的菜单中选择【纯色】命令，在

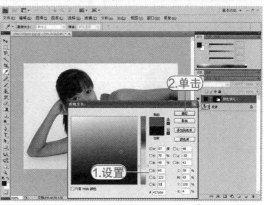

━ 注意事项 ━
选中【色相】模式选项，系统将采用底色的亮度、饱和度以及绘制色的色相来创建最终颜色。

⑩4 在【图层】面板中，将【颜色填充1】调整图层的【混合模式】设置为【色相】。

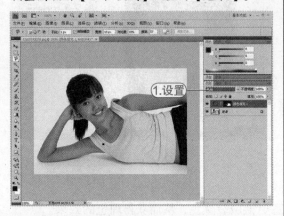

⑩5 在【图层】面板中，按住Ctrl键，再单击【颜色填充1】图层蒙版载入选区。在【调整】面板中，单击【色阶】命令图标，打开设置选项。设置【输入色阶】数值为0、

0.50、255，完成对服装颜色的调整。

○ 专家指点 ○
使用填充图层可以在图像文件上叠加纯色、渐变或是图案，并且可以设置叠加的不透明度和混合模式等效果。在【图层】面板中，单击【创建新的填充或调整图层】按钮 ◎ ，或选择菜单栏【图层】|【新建填充图层】命令子菜单中的相应命令，即可创建填充图层。

5.8 更换人像背景

我们时常会对拍摄出的相片的背景不满意，比如背景太杂乱或是太单调。要改变背景，使画面更生动，我们可以使用Photoshop应用程序。

【例5-8】 使用Photoshop应用程序，更换人像背景。 ⚡视频+⚡素材

⑩1 在Photoshop CS4应用程序中，选择菜单栏中的【文件】|【打开】命令，打开一幅相片图像，并按快捷键Ctrl+J复制背景图层。

⑩2 选择【通道】面板，单击【创建新通道】按钮，创建新通道Alpha1，并单击RGB通道可视图标。

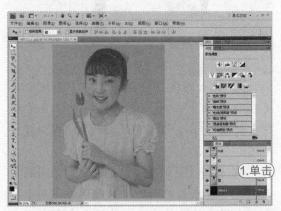

◖ 注意事项 ◗

要创建Alpha通道并设置选项，可按住Alt键再单击【创建新通道】按钮，打开【新建通道】对话框。在对话框中可以设置名称等选项。

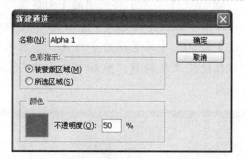

03 选择【工具】面板中的【画笔】工具，设置画笔样式为边缘较柔和的，大小根据需要改变。使用【画笔】工具在相片的背景区域涂抹，保留人像部分。

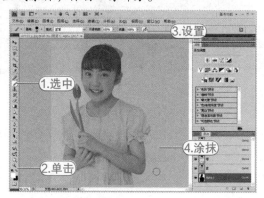

04 选择【通道】面板，按Ctrl键再单击Alpha 1通道缩略图，载入选区。在【通道】面板中，单击Alpha 1，关闭通道视图，再选中RGB通道。

05 返回【图层】面板，按Delete键将【图层1】图层中选区的内容删除，并关闭【背景】图层视图。

06 选择菜单栏中的【文件】|【打开】命令，打开图片。然后按快捷键Ctrl+A全选图像，并按快捷键Ctrl+C复制图像。

07 返回正在编辑的文件，选择【编辑】|【贴入】命令，更换人物背景。

5.9 人像瘦身

通过Photoshop应用程序中的【液化】滤镜命令，我们可以为人像进行瘦身，使相片更加完美。【液化】滤镜可用于推、拉、旋转、反射、折叠和膨胀图像的任意区域，创建的扭曲可以是细微的或剧烈的，是修饰图像和创建艺术效果的强大工具。

【例5-9】 使用Photoshop应用程序，为相片中人像进行瘦身。 素材

01 在Photoshop CS4应用程序中，选择菜单栏中的【文件】|【打开】命令，打开一幅相片图像，并按快捷键Ctrl+J复制背景图层。

02 选择【滤镜】|【液化】命令，打开【液化】对话框，单击左侧工具面板中的【缩放】工具，单击页面放大图像。

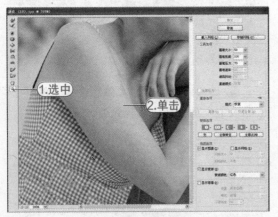

03 单击【工具】面板中的【向前变形】工具按钮，设置【画笔大小】为100，【画笔密度】为50，【画笔压力】为70，在人物手臂部位使用工具调整，然后单击【确定】按钮应用。

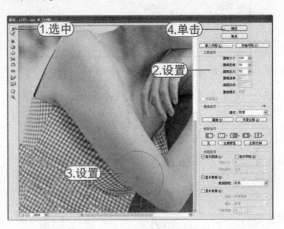

Chapter 06

景物相片处理技巧

通过Photoshop应用程序可以为景物相片的添加各种意境效果，使相片效果进行完善。其中包括制作冬日飘雪、雨中景象、飞驰效果等内容。

- 制作小景深效果
- 制作倒影效果
- 制作飞驰效果
- 制作灯光效果
- 制作薄雾效果
- 制作热气效果
- 制作飘雪效果
- 制作雨中效果
- 添加蓝天白云效果

参见随书光盘

例6-1　制作小景深效果　　　　例6-2　制作倒影效果

例6-3　制作汽车飞驰效果　　　例6-4　制作浪漫灯光效果

例6-5　制作薄雾效果　　　　　例6-6　制作热气效果

例6-7　制作飘雪效果　　　　　例6-8　制作雨中效果

例6-9　为相片添加蓝天白云效果

6.1 制作小景深效果

小景深相片最突出的特点便是使环境虚糊、主体清楚，这是突出主体的有效方法之一。景深越小，环境虚糊就越强烈，主体也就越突出。本例介绍如何使用Photoshop应用程序制作出小景深相片效果。

【例6-1】 使用Photoshop应用程序，制作小景深效果。 ✪视频＋✪素材

01 在Photoshop CS4应用程序中，选择菜单栏中的【文件】|【打开】命令，打开一幅相片图像，并按快捷键Ctrl+J复制背景图层。

02 在【图层】面板中，单击【添加图层蒙版】按钮，为【图层1】图层添加图层蒙版。选择【工具】面板中的【渐变】工具，在选项栏中单击【径向渐变】按钮，然后使用【渐变】工具从图像中间位置向外拖动，将其变为渐变蒙版。

03 选中【图层1】图层缩览图，选择【滤镜】|【模糊】|【镜头模糊】命令，打开【镜头模糊】对话框。在【源】下拉列表中选择

【图层蒙版】选项，设置【半径】为30，【亮度】为50，然后单击【确定】按钮。

▶ 专家指点

【镜头模糊】滤镜为图像添加一种带有较窄景深的效果，即使图像某些区域模糊，其他区域仍然清晰。

04 按住Ctrl键后，再单击【图层1】图层蒙版缩览图，载入选区，并按快捷键Shift+Ctrl+I反选选区。选择【滤镜】|【锐化】|【USM锐化】滤镜命令，打开【USM锐化】对话框，设置【数量】为130%，【半径】为9像素，【阈值】为10色阶，单击【确定】按钮，然后按快捷键Ctrl+D取消选

6.2 制作倒影效果

在水边拍摄的相片，常会因为倒影与景物相映成趣，而为相片增色不少。本例将介绍如何加强相片中的倒影效果。

【例6-2】 使用Photshop应用程序，制作倒影效果。 ◆视频+◆素材

01 在 Photoshop CS4 应用程序中，选择菜单栏中的【文件】|【打开】命令，打开一幅相片图像，将背景图层拖动到【创建新图层】按钮上释放。

02 打开【调整】面板，在调整列表中单击【色阶】命令图标，打开设置选项。设置RGB通道的色阶数值为0、1.19、207。

03 在【通道】下拉列表中选择【绿】选项，设置色阶数值为0、0.81、255。

04 在【通道】下拉列表中选择【蓝】选项，设置色阶数值为0、0.72、255。

05 按快捷键Shift+Ctrl+Alt+E生成【图层1】，选择菜单栏中的【编辑】|【变换】|【垂直翻转】命令。

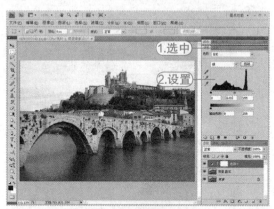

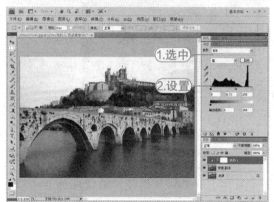

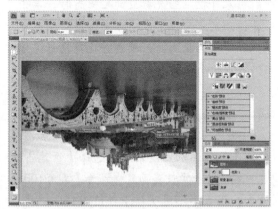

06 在【图层】面板中，设置【图层1】的图层【混合模式】为【叠加】，并使用【移动】工具移动图像。

07 选择【编辑】|【变换】|【斜切】命令，调整图像效果。

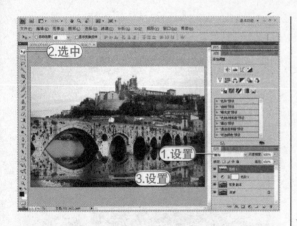

⑩ 按快捷键Ctrl+J复制【图层2】图层。选择【滤镜】|【模糊】|【高斯模糊】命令，打开【高斯模糊】对话框，设置【半径】为15像素，然后单击【确定】按钮。

⑪ 在【图层】面板中，设置【图层2副本】的图层【混合模式】为【叠加】。

━━━◎ 注意事项 ◎━━━

【斜切】命令使我们可以通过拖动手柄倾斜对象外框。当光标变为 ▶ 状态时，单击并拖动鼠标可以沿水平方向倾斜对象；当光标变为 ▶ 状态时，单击并拖动鼠标可以沿垂直方向倾斜对象。

⑧ 在【图层】面板中，单击【添加图层蒙版】按钮添加图层蒙版。选择【画笔】工具，在选项栏中设置画笔样式为【柔角100像素】，设置【不透明度】数值为15%，然后在图层蒙版中涂抹，修饰倒影效果。

⑨ 按快捷键Shift+Ctrl+Alt+E生成【图层2】。选择【图像】|【调整】|【阴影/高光】命令，在打开的对话框中，设置【阴影数量】为50%，然后单击【确定】按钮。

6.3 制作飞驰效果

利用Photoshop，我们可以使静止的物体产生动感。虽然使用相机的一般快门速度也可以表现出动感效果，但是被抓拍的物体会变得模糊。利用Photoshop中的【动感模糊】命令，可以表现出比数码相机所摄相片更加完美的动感效果。

【例6-3】 使用Photoshop应用程序，制作汽车飞驰效果。◎视频+◎素材

01 在Photoshop CS4应用程序中，选择菜单栏中的【文件】|【打开】命令，打开一幅相片图像，并按快捷键Ctrl+J复制背景图层。

02 在【调整】面板中，单击【亮度/对比度】命令图标，打开设置选项。设置【亮度】数值为40。

03 单击【返回到调整列表】按钮，在调整列表中单击【色彩平衡】命令图标，设置色阶数值为0、0、-48。

04 按快捷键Shift+Ctrl+Alt+E合并生成新图层。选择【通道】面板，单击【创建新通道】按钮，创建Alpha1通道，并打开RGB视图。

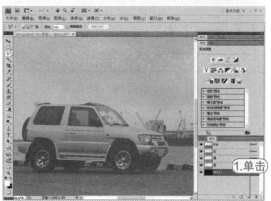

05 选择【工具】面板中的【画笔】工具，在图像中对汽车的边缘进行细致的涂抹。

06 按住Ctrl键，再单击Alpha1通道缩览图，载入选区。关闭Alpha1视图，然后选中RGB通道。

⑦ 保持选区，选择【选区】|【修改】|【扩展】命令，打开【扩展选区】对话框。在对话框中，设置【扩展量】数值为10像素，然后单击【确定】按钮。

⑧ 返回【图层】面板，选择菜单栏中的

【滤镜】|【模糊】|【动感模糊】命令，在对话框中，设置【距离】为25像素。单击【确定】按钮关闭对话框，按快捷键Ctrl+D取消选区。

┌─ ◁ **专家指点** ▷ ─────────────
│ 【动感模糊】滤镜是以某种方向和强度来
│ 模糊图像，此滤镜的效果类似于以固定的
│ 曝光时间对一个移动的对象拍照。
└──────────────────────────────

6.4 制作灯光效果

在拍摄夜景或温暖的室内灯火时，经常会使用相机滤镜拍摄出朦胧发散的效果，这种效果被称为Cross Filter滤镜效果。使用Photoshop中的简单几个命令，我们不必购买相机滤镜也可以表现出这种效果。

【例6-4】 使用Photoshop应用程序，制作浪漫灯光效果。◆视频+素材

① 在Photoshop CS4应用程序中，选择菜单栏中的【文件】|【打开】命令，打开一幅相片图像，并按快捷键Ctrl+J复制背景图层。

② 选择菜单栏中的【图像】|【调整】|【色阶】命令，在打开的【色阶】对话框中设置【输入色阶】为120、1、255，单击【确定】按钮关闭对话框。

⓷ 按快捷键Ctrl+J复制【图层1】图层，生成【图层1副本】图层。选中【图层1副本】图层，选择菜单栏中的【滤镜】|【模糊】|【动感模糊】命令，在打开的【动感模糊】对话框中设置【角度】为−45度，【距离】为236像素，单击【确定】按钮关闭对话框。

⓸ 在【图层】面板中，将【图层1副本】的图层【混合模式】设置为【滤色】。

⓹ 在【图层】面板中，单击选中【图层1】图层，选择菜单栏中的【滤镜】|【模糊】|【动感模糊】命令，在打开的【动感模糊】对话框中设置【角度】为45度，【距离】为236像素，单击【确定】按钮关闭对话框。

⓺ 在【图层】面板中，将【图层1】的图层【混合模式】设置为【滤色】。

6.5 制作薄雾效果

雾不是经常能遇到的天气状况，但利用Photoshop应用程序可以轻松做出雾天的相片效果。本例将通过对Photoshop应用程序的操作，介绍如何为相片添加薄雾效果。

【例6-5】 使用Photshop应用程序，制作薄雾效果。 ⌘视频+⌘素材

⓵ 在Photoshop CS4应用程序中，选择菜单栏中的【文件】|【打开】命令，打开一幅相片图像，并按快捷键Ctrl+J复制背景图层。

注意事项

【云彩】滤镜可以在图像的前景色和背景色之间随机抽取像素，再将图像转换为柔和的云彩效果。该滤镜无参数设置对话框，常用于创建图像的云彩效果。

02 选择菜单栏中的【滤镜】|【渲染】|【云彩】命令。

04 选择【工具】面板中【画笔】工具，在选项栏中设置画笔为边缘较柔和的样式，设置【不透明度】数值为20%。使用【画笔】工具在图像中涂抹，使雾看起来更加自然一些，得到最终效果。

03 在【图层】面板中，将【图层1】的图层【混合模式】设置为【滤色】，并单击【图层】面板中的【添加图层蒙版】按钮，为【图层1】图层添加蒙版。

6.6 制作热气效果

美食相片除了要色彩诱人外，还需要一些动感。本例主要应用滤镜中的各种命令以及图层混合模式制作热气升腾的效果。

【例6-6】 使用Photoshop应用程序，制作热气效果。 🔲视频+🔲素材

01 在Photoshop CS4应用程序中，选择菜单栏中的【文件】|【打开】命令，打开一幅相片图像，并按快捷键Ctrl+J复制背景图层。

02 选择【图像】|【调整】|【阴影/高光】命令，打开【阴影/高光】对话框。设置阴影【数量】为50%，然后单击【确定】按钮。

03 打开【调整】面板，在调整列表中单击【色彩平衡】命令图标，打开设置选项。设置色阶数值为–20、0、20。

04 在【图层】面板中，单击【创建新图层】按钮，创建【图层2】。选择【滤镜】|【渲染】|【云彩】命令。

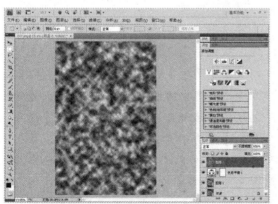

05 选择【滤镜】|【模糊】|【动感模糊】命令，打开【动感模糊】对话框。设置【角度】为90度，【距离】为80像素，然后单击【确定】按钮。

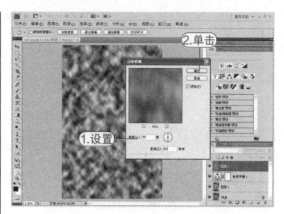

06 选择【滤镜】|【扭曲】|【切变】命令，打开【切变】对话框。在对话框中，设置切边曲线的形状，然后单击【确定】按钮。

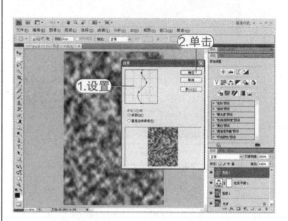

注意事项

【切变】滤镜可以沿一条曲线扭曲图像。通过拖动框中的线条可以调整曲线上的任何一点。单击【默认】按钮可将曲线恢复为直线。

07 选择【滤镜】|【液化】命令，打开【液化】对话框。设置【画笔大小】数值为400，【画笔密度】数值为50，【画笔压力】数值为100。使用【向前变形】工具在图像预览区中涂抹，然后单击【确定】按钮。

08 在【图层】面板中，设置【图层2】图层的【混合模式】为【滤色】，【不透明度】数值为70%。

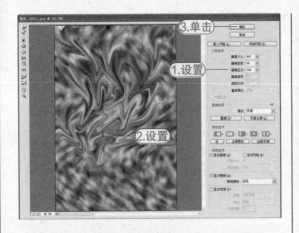

09 选择【图像】|【调整】|【色阶】命令，打开【色阶】对话框。设置【输入色阶】数值为45、1.00、215，然后单击【确定】按钮。

10 选择【滤镜】|【杂色】|【添加杂色】命令，打开【添加杂色】对话框。在对话框中，选中【高斯分布】单选按钮，设置【数量】为5%，然后单击【确定】按钮。

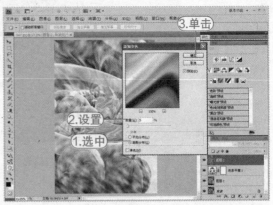

11 在【图层】面板中，单击【添加图层蒙版】按钮，然后选择【画笔】工具，在工具选项栏中选择一种柔和的画笔样式，设置【不透明度】数值为30%，然后在图像中涂抹修饰热气效果。

> **专家指点**
>
> 【添加杂色】滤镜将随机像素应用于图像，模拟在高速胶片上拍照的效果。也可以使用【添加杂色】滤镜来减少羽化选区或渐进填充中的条纹，或使经过重大修饰的区域看起来更真实。【杂色分布】选项包括【平均分布】和【高斯分布】。【平均分布】使用随机数值(介于0及正/负指定值之间)分布杂色的颜色值，以获得细微效果；【高斯分布】沿一条钟形曲线分布杂色的颜色值，以获得斑点状的效果。【单色】选项将此滤镜只应用于图像中的色调元素，而不改变颜色。

6.7 制作飘雪效果

　　雪后拍摄的相片，缺少了下雪天的意境，显得有些单调。使用Photoshop应用程序可以为相片添加雪花飘舞的效果。

【例6-7】 使用Photshop应用程序，制作飘雪效果。 📹视频+📄素材

　　01 在Photoshop CS4应用程序中，选择菜单栏中的【文件】|【打开】命令，打开一幅相片图像，并按快捷键Ctrl+J复制背景图层。

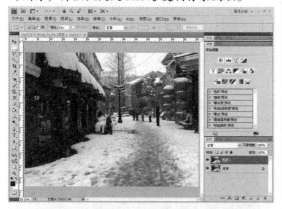

　　02 打开【调整】面板，在调整列表中单击【曲线】命令图标。打开设置选项，调整曲线设置，然后单击【返回到调整列表】按钮。

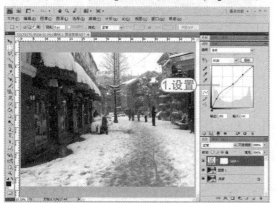

　　03 在调整列表中单击【相片滤镜】命令图标，打开设置选项。在【滤镜】下拉列表中选择【冷却滤镜(80)】，设置【浓度】数值为15%。

　　04 在【图层】面板中，将【相片滤镜1】调整图层的【混合模式】设置为【颜色减淡】，【不透明度】设置为40%。

　　◖ **注意事项** ◗

　　【颜色减淡】模式查看每个通道中的颜色信息，并通过减小对比度使基色变亮以反映混合色；与黑色混合则不发生变化。

　　05 在【图层】面板中，单击【创建新图层】按钮，新建【图层2】，并按快捷键Alt+Backspace使用前景色填充【图层2】。

　　06 选择【工具】面板中的【画笔】工具，按F5键打开【画笔】面板。在【画笔笔尖形状】选项中选择一种柔角画笔样式，设置【直径】为40px、【角度】为10度、【硬度】为22%、【间距】为145%。

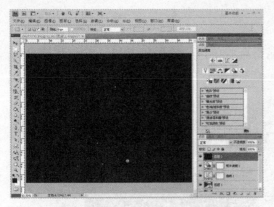

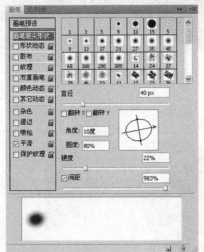

07 选中【形状动态】选项，设置【大小抖动】为100%，【角度抖动】为100%，【圆度抖动】为34%，【最小圆度】为25%。

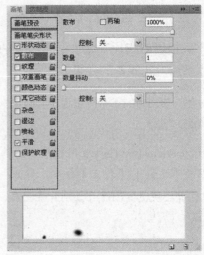

09 按X键切换前景色和背景色，使用【画笔】工具在【图层2】的黑色背景上拖动，制作雪花效果。

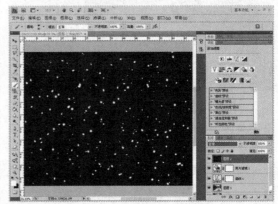

10 选择菜单栏中的【滤镜】|【杂色】|【添加杂色】命令，在打开的【添加杂色】对话框中设置【数量】为2%，【分布】为【平均分布】，单击【确定】按钮关闭对话框，为【图层2】添加杂色效果。

08 选中【散布】选项，设置【散布】为1000%，【数量】为1%。

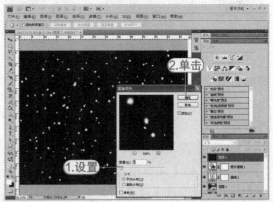

⑪ 选择菜单栏中的【滤镜】|【模糊】|【动感模糊】命令，在打开的【动感模糊】对话框中设置【角度】为65度，【距离】为20像素，单击【确定】按钮关闭对话框，为【图层2】添加动感模糊效果。

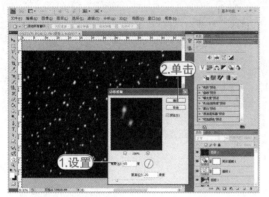

⑫ 在【图层】面板中将【图层2】的图层【混合模式】设置为【滤色】。

⑬ 在【图层】面板中单击【创建新图层】按钮，创建【图层3】。按D键恢复默认的前景色和背景色，按快捷键Alt+Backspace将【图层3】填充为黑色。

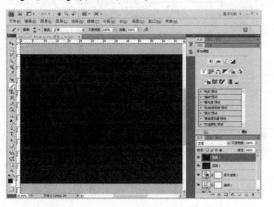

⑭ 选择菜单栏中【滤镜】|【杂色】|【添加杂色】命令，在打开的【添加杂色】对话框中设置【数量】为35%，【分布】为【高斯分布】，单击【确定】按钮关闭对话框，为【图层3】添加杂色。

⑮ 选择菜单栏中的【滤镜】|【模糊】|【高斯模糊】命令，在打开的【高斯模糊】对话框中设置【半径】为1像素，单击【确定】按钮关闭该对话框，对添加了杂色的【图层3】进行模糊。

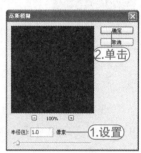

⑯ 选择菜单栏中【图像】|【调整】|【阈值】命令，在打开的【阈值】对话框中设置【阈值色阶】为60，单击【确定】按钮。

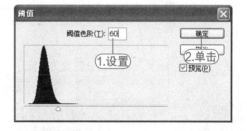

◀◉ 专家指点 ◉▶

【阈值】命令可以将一张灰度图像或彩色图像转变为高对比度的黑白图像。在【阈值色阶】文本框内指定亮度值作为阈值，变化范围为1~255，图像中所有亮度值比其最小值小的像素都将变为黑色，所有亮度值比其最大值大的像素都将变为白色，也可以通过直接调整滑块来进行调整。

⑰ 选中【图层3】，选择菜单栏【滤镜】|【模糊】|【高斯模糊】命令，在打开

的【高斯模糊】对话框中设置【半径】为1像素，单击【确定】按钮关闭该对话框。

⑱ 选择菜单栏中的【滤镜】|【模糊】|【动感模糊】命令，在打开的【动感模糊】对话框中设置【角度】为65度，【距离】为6像素，单击【确定】按钮关闭对话框。

⑲ 在【图层】面板中将【图层3】的图层【混合模式】设置为【滤色】。

6.8 制作雨中效果

现实生活中，我们无法决定拍摄相片时的天气状况。但使用Photoshop应用程序，用户可以轻松实现某中天气效果，如在相片中添加下雨的效果。

【例6-8】 使用Photoshop应用程序，制作雨中效果。 ◎视频+◎素材

⓵ 在Photoshop CS4应用程序中，选择菜单栏中的【文件】|【打开】命令，打开一幅相片图像。

⓶ 在【图层】面板中选中背景图层，将其拖动到【创建新图层】按钮上，创建【背景副本】图层。

⓷ 使用与步骤2相同的方法复制背景层，创建【背景副本2】、【背景副本3】图层。

⓸ 选择菜单栏中的【滤镜】|【艺术效果】|【干画笔】命令，在打开的【干画笔】

对话框中设置【画笔细节】为8，【纹理】为1，单击【确定】按钮关闭对话框。

专家指点

【干画笔】滤镜可以模拟用介于油彩和水彩之间的画笔在图像上进行绘制的效果。此滤镜通过将图像的颜色范围降到普通颜色范围来简化图像。

⑤ 在【图层】面板中，设置【背景副本3】的图层【混合模式】为【柔光】，【不透明度】为60%。

⑥ 单击选中【背景副本2】图层。选择菜单栏中的【滤镜】|【艺术效果】|【水彩】命令，在打开的【水彩】对话框中设置【画笔细节】为11，【阴影】为0，【纹理】为1，单击【确定】按钮关闭对话框。

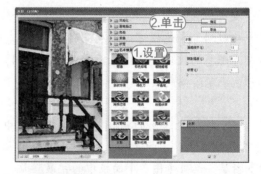

专家指点

【水彩】滤镜可以简化图像细节，使图像看起来像是用蘸了水和颜料的画笔进行绘制的，从而产生水彩风格的图像效果。

⑦ 设置【背景副本2】的图层【混合模式】为【滤色】，【不透明度】数值为

⑧ 单击选择【背景副本】图层。选择菜单栏中的【滤镜】|【艺术效果】|【粗糙蜡笔】命令，在打开的【粗糙蜡笔】对话框中设置【描边长度】为6，【描边细节】为4，【缩放】为80%，【凸现】为8，在【光照】下拉列表中选择【下】，单击【确定】按钮关闭对话框。

Photoshop数码相片处理

◯ 专家指点 ◯

【粗糙蜡笔】滤镜可以产生一种不平整、有浮雕感的纹理，使图像画面呈现类似用彩色画笔绘画的效果。

⓪⑨ 按住键盘上的Shift键，再分别选中【背景副本】、【背景副本2】、【背景副本3】图层。单击【图层】面板中的扩展按钮，在弹出的菜单栏中选择【合并图层】命令将上述三个图层合并成【背景副本3】。

①⓪ 在【图层】面板中，单击【创建新图层】按钮新建【图层1】。按快捷键Alt+Backspace对【图层1】进行填充。

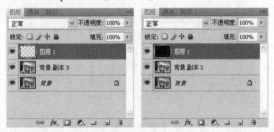

①① 选择菜单栏中的【滤镜】|【杂色】|【添加杂色】命令，在打开的【添加杂色】对话框中设置【数量】为20%，选中【高斯分布】单选按钮，单击【确定】按钮关闭对话框。

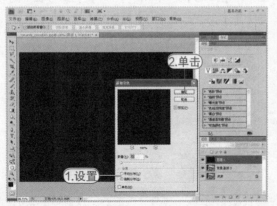

①② 选择【图像】|【调整】|【阈值】命令，打开【阈值】对话框。在对话框中，设置【阈值色阶】数值为83，然后单击【确定】按钮。

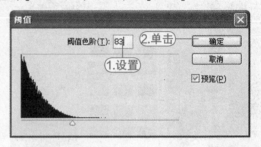

①③ 选择菜单栏中的【滤镜】|【模糊】|【动感模糊】命令，在打开的【动感模糊】对话框中设置【角度】为-77度，【距离】为30像素，单击【确定】按钮关闭对话框。

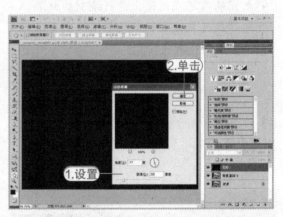

①④ 在【图层】面板中，将【图层1】的图层【混合模式】设置为【滤色】。

①⑤ 选择【图像】|【调整】|【亮度/对比度】命令，在打开的【亮度/对比度】对话框中设置【亮度】为150，【对比度】为-50，

单击【确定】按钮关闭对话框。

层拖动到【创建新图层】按钮上释放，创建【图层1副本】。

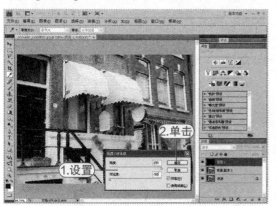

⑯ 在【图层】面板中，将【图层1】图

6.9 添加蓝天白云效果

在拍摄风景照的时候，常常会遇到天气不佳的状况，使相片的效果大打折扣。但使用Photoshop应用程序，用户可以通过后期的处理制作出完美的风景照。

【例6-9】 使用Photoshop应用程序，为相片添加蓝天白云效果。 视频 + 素材

⑴ 在Photoshop中，选择菜单栏中的【文件】|【打开】命令，打开需要处理的相片图像，并按快捷键Ctrl+J复制背景图层。

⑵ 选择菜单栏中的【图像】|【画布大小】命令，在打开的【画布大小】对话框中设置【高度】为25厘米，在【定位】选项中单击底部中间的按钮，然后单击【确定】按钮，这将改变图像的构图方式。

⑶ 关闭【背景】图层视图，选择【工具】面板中的【橡皮擦】工具，在选项栏中选择样式为边缘柔和的画笔，将图像中的天空部分擦除。

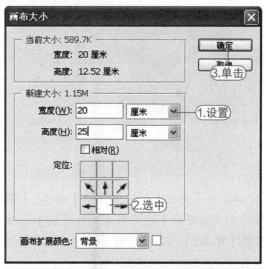

⓸ 选择菜单栏中的【文件】|【打开】命令，打开一张云朵的图像，按快捷键Ctrl+A全选图像，并按快捷键Ctrl+C复制。

⓹ 返回正在编辑的图像文件，按快捷键Ctrl+V将云朵粘贴到文件中，自动生成新图层。按快捷键Ctrl+T应用【自由变换】命令，调整图像大小。

⓺ 在【图层】面板中，将【图层2】图层的【混合模式】设置为【正片叠底】。然后将【图层2】图层拖动到【创建新图层】按钮上释放，创建【图层2副本】。

⓻ 在【图层】面板中，选中【图层2副本】。选择菜单栏中的【编辑】|【变换】|【垂直翻转】命令，然后选择【移动】工具，并按住Shift键向下移动。

⓼ 按快捷键Ctrl+E合并【图层2】和【图层2副本】图层。在【图层】面板中，单击【创建图层蒙版】按钮。选择【画笔】工具，在其选项栏中选择一种柔角画笔的样式，设置【不透明度】为20%，然后使用【画笔】工具在蒙版中涂抹。

⓽ 在【图层】面板中，选中背景图层，然后单击【创建新图层】按钮创建【图层1】，并将新图层填充为白色。

⓾ 在【图层】面板中，按住Ctrl键再选中【图层1】、【图层2】、【图层3】图层。按快捷键Ctrl+E对选中图层进行合并，并按快捷键Ctrl+J复制合并后图层。

⑪ 选择菜单栏中的【滤镜】|【模糊】|【高斯模糊】命令,在打开的【高斯模糊】对话框中设置【半径】数值为15像素,单击【确定】按钮关闭对话框。

⑭ 单击【调整】面板中的【返回到调整列表】按钮,在调整列表中单击【通道混合器】命令图标,打开设置选项。设置红通道的【红色】数值为95%,【绿色】数值为50%,【蓝色】数值为-35%。

⑫ 在【图层】面板中,将【图层2副本】图层的【混合模式】设置为【叠加】。

⑬ 打开【调整】面板,在调整列表中单击【色相/饱和度】命令图标,打开设置选项。设置【色相】数值为-18,【饱和度】数值为-60。

⑮ 在【输出通道】下拉列表中选择【绿】选项,设置【红色】数值为15%,【常数】数值为-3%。

⑯ 在【图层】面板中,将【通道混合器1】图层拖动到【创建新图层】按钮上释放,

创建【通道混合器1副本】调整图层。

⑰ 选择菜单栏中的【滤镜】|【渲染】|【云彩】命令，并在【图层】面板中将其【混合模式】设置为【柔光】。

Chapter

07

相片效果艺术化处理

使用Photoshop应用程序可以制作一些特殊效果，以加强相片画面效果。其中包括LOMO相片效果、绘画风格效果和增效效果等。

- ■ 制作LOMO相片效果
- ■ 制作反转负冲效果
- ■ 制作怀旧效果
- ■ 制作铅笔画效果
- ■ 制作速写效果
- ■ 制作油画效果
- ■ 制作印刷效果
- ■ 制作扫描线效果
- ■ 制作拼贴效果
- ■ 制作刮痕效果
- ■ 制作水珠效果
- ■ 黑白转彩色

参见随书光盘

例7-1 制作LOMO相片效果　　例7-2 制作反转负冲相片效果

例7-3 制作怀旧效果　　例7-4 制作铅笔画效果

例7-5 制作速写效果　　例7-6 制作油画效果

例7-7 制作印刷效果　　例7-8 制作扫描线效果

例7-9 制作拼贴效果　　例7-10 制作刮痕效果

例7-11 制作水珠效果　　例7-12 黑白转彩色

7.1 制作LOMO相片效果

现在，使用LOMO拍摄相片的人越来越多。LOMO是一种手动拍摄相机的名称。用一般相机拍摄的相片色调平实，而用LOMO拍摄的相片能产生特殊色彩效果，在年轻人中备受欢迎。本例介绍如何使用Photoshop应用程序制作LOMO相片效果。

【例7-1】 使用Photoshop应用程序，制作LOMO相片效果。 📹视频+📁素材

⑥ 在Photoshop CS4应用程序中，选择菜单栏中的【文件】|【打开】命令，打开一幅相片图像，并按快捷键Ctrl+J复制背景图层。

⑥ 打开【调整】面板，在调整列表中单击【色彩平衡】命令图标，设置【中间调】色阶数值为-13、-31、15。

⑥ 在【图层】面板中选中【图层1】，选择【滤镜】|【锐化】|【USM锐化】命令，打开【USM锐化】对话框。设置【数量】为150%，【半径】为2像素，然后单击【确定】按钮。

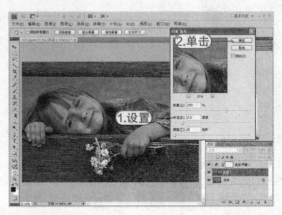

⑥ 按快捷键Ctrl+J生成【图层1副本】图层。在【图层】面板中，设置【图层1副本】图层【混合模式】数值为【滤色】，【不透明度】数值为60%。

⑥ 选中【色彩平衡1】调整图层，按快捷键Shift+Ctrl+Alt+E生成【图层2】图层，再按快捷键Ctrl+J生成【图层2副本】图层。

⑥ 选择菜单栏中的【图像】|【调整】|

【色相/饱和度】命令。在打开的【色相/饱和度】对话框中，选中【着色】复选框，设置【色相】数值为178，【饱和度】数值为25，单击【确定】按钮关闭对话框。

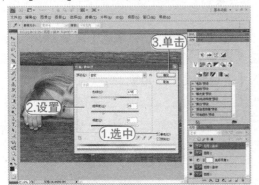

07 在【图层】面板中，将【图层2副本】图层的【混合模式】设置为【柔光】，【不透明度】设置为60%。

08 在【图层】面板中，选中【图层2】图层。选择【图像】|【调整】|【色相/饱和度】命令，打开【色相/饱和度】对话框。在对话框中，选中【着色】复选框，然后单击【确定】按钮。

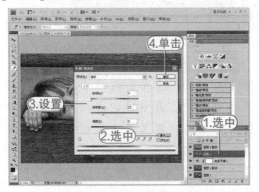

09 在【图层】面板中，将【图层2】图

层的【混合模式】设置为【柔光】，【不透明度】设置为60%。

10 在【图层】面板中，选中【图层2副本】图层，然后单击【创建新的填充或调整图层】按钮，在弹出的菜单中选择【纯色】命令。在打开的【拾取器】对话框中设置RGB=255、239、204，单击【确定】按钮关闭对话框。

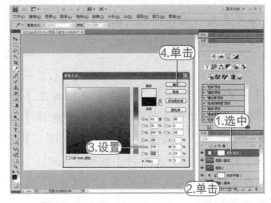

11 在【图层】面板中，将【颜色填充1】调整图层的【混合模式】设置为【柔光】。

⑫ 按快捷键Shift+Ctrl+Alt+E生成【图层3】图层。选择菜单栏中的【滤镜】|【艺术效果】|【胶片颗粒】命令。在打开的【胶片颗粒】对话框中，设置【颗粒】为5，【高光区域】为5，【强度】为5，然后单击【确定】按钮关闭该对话框，为图像添加胶片的颗粒效果。

━━━━○ 专家指点 ○━━━━

【胶片颗粒】滤镜用平滑图案填充图像中的阴影色调和中间色调，用更加平滑、饱和度更高的图像填充图像中的高亮色调，从而产生胶片颗粒的效果。

⑬ 选择菜单栏中的【滤镜】|【渲染】|【光照效果】命令，打开【光照效果】对话框。在【光照类型】下拉列表中选择【全光源】选项，设置【强度】数值为35，【光泽】数值为–20，【材料】数值为–20，【曝光度】数值为–40，【环境】数值为5，【纹理通道】为无，然后单击【确定】按钮。

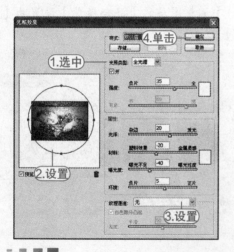

━━━━○ 专家指点 ○━━━━

【光照效果】滤镜用于模拟灯光、日光照射效果，多用于制作夜晚天空效果和浅浮雕效果。

⑭ 按快捷键Ctrl+J生成【图层3副本】，设置图层【混合模式】为【正片叠底】，设置【不透明度】为40%。

⑮ 在【图层】面板中，单击【添加图层蒙版】按钮。选择【画笔】工具，在选项栏中选择柔角画笔样式，然后在图层蒙版中涂画。

━━━━○ 专家指点 ○━━━━

除了可以使用【光照效果】滤镜制作相片暗角外，还有多种创建相片暗角的方法。如使用选区工具选择相片的边缘部分，然后设置较大的羽化值，再使用【加深】工具、【画笔】工具、【色阶】命令进行调整。

7.2 制作反转负冲效果

"反转负冲"是在胶片拍摄中比较特殊的一种手法，就是用负片冲洗工艺来冲洗反转片，这样会得到比较浓艳而有趣的色彩。使用Phototshop应用程序可以将相片处理出反转负冲的效果。

【例7-2】 使用Photoshop应用程序，制作反转负冲相片效果。（视频+素材）

01 在Photoshop CS4应用程序中，选择菜单栏中的【文件】|【打开】命令，打开一幅相片图像，将背景图层拖动到【创建新图层】按钮上释放。

02 打开【调整】面板，在调整列表中单击【曲线】命令图标，然后调整RGB曲线形状。

03 在【通道】下拉列表中选择【蓝】选项，调整蓝通道曲线形状。

04 在【调整】面板中，单击【返回到调整列表】按钮，再单击【可选颜色】命令图标。在【颜色】下拉列表中选择【绿色】，然后设置【青色】数值为100%，【洋红】数

值为70%，【黄色】数值为100%。

05 按快捷键Shift+Ctrl+Alt+E盖印图层，生成【图层1】图层。打开【通道】面板，单击【蓝】通道，打开RGB通道视图。

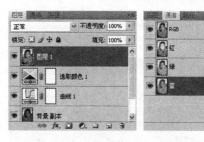

06 选择菜单栏中的【图像】|【应用图像】命令，在打开的【应用图像】对话框中，选中【反相】复选框，设置【蓝】通道的【混合】模式为【实色混合】，设置【不

透明度】为50%，单击【确定】按钮关闭对话框，这对蓝通道进行了调整。

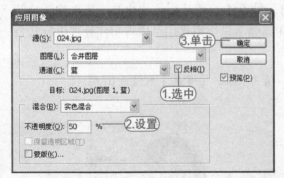

⓻ 在【通道】面板中，单击选中【绿】通道，选择菜单栏中的【图像】|【应用图像】命令，在打开的【应用图像】对话框中，选中【反相】复选框，设置【绿】通道的【混合】模式为【颜色减淡】，设置【不透明度】为20%，单击【确定】按钮关闭对话框，这对绿通道进行了调整。

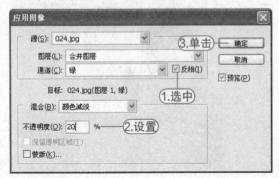

⓼ 在【通道】面板中，单击选中【红】通道，选择菜单栏中的【图像】|【应用图像】命令，设置【红】通道【混合】模式为【柔光】，不透明度为100%，单击【确定】按钮关闭对话框，对红通道进行调整。

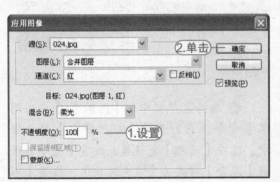

> **专家指点**
>
> 【应用图像】命令用来混合大小相同的两个图像，它可以将某个图像(源)的图层和通道与现用图像(目标)的图层和通道混合。如果两个图像的颜色模式不同，则可以对目标图层的复合通道应用单一通道。

⓽ 选中【蓝】通道，选择菜单栏中的【图像】|【调整】|【色阶】命令，在打开的【色阶】对话框中设置【输入色阶】为44、1.33、255，单击【确定】按钮关闭对话框。

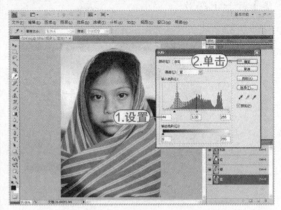

⓾ 选中【绿】通道，选择菜单栏中的【图像】|【调整】|【色阶】命令，在打开的【色阶】对话框中设置【输入色阶】为33、1.08、243，单击【确定】按钮关闭对话框。

⑪ 选中【红】通道，选择菜单栏中的【图像】|【调整】|【色阶】命令，在打开的【色阶】对话框中设置【输入色阶】为0、0.87、255，单击【确定】按钮关闭对话框。

⑫ 选中RGB通道，选择【图像】|【调整】|【自然饱和度】命令，打开【自然饱和度】对话框。设置【自然饱和度】数值为25，然后单击【确定】按钮。

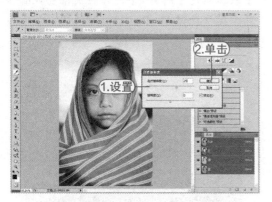

━━○ 注意事项 ○━━

【自然饱和度】命令用于调整饱和度，以便在颜色接近最大饱和度时最大限度地减少修剪。该调整增加与已饱和的颜色相比不饱和的颜色的饱和度。【自然饱和度】命令还可防止肤色过度饱和。

⑬ 选择【图像】|【模式】|【Lab颜色】命令，在弹出的对话框中，单击【拼合】按钮。

⑭ 选中【明度】通道，并打开RGB视图。选择【滤镜】|【锐化】|【USM锐化】命令，打开【USM锐化】对话框。在对话框中，设置【数量】为150%，【半径】为2像素，【阈值】为5色阶，然后单击【确定】按钮。

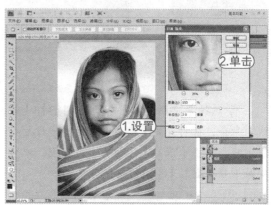

⑮ 选择【图像】|【模式】|【RGB颜色】命令，转换图像颜色模式。

7.3 制作怀旧效果

在拍摄相片时，添加一些外置滤镜可以拍摄出特殊色调效果的相片。然而，没有外置的滤镜，用户也可以将普通的生活照变成具有特殊色调效果的相片，如在Photoshop应用程序中为相片添加怀旧色调效果。

【例7-3】 使用Photoshop应用程序，制作怀旧效果。●视频+●素材

⓵ 在Photoshop CS4应用程序中，选择菜单栏中的【文件】|【打开】命令，打开一幅相片图像。

02 将背景图层拖动到【创建新图层】按钮上释放，创建【背景副本】图层，选择【图像】|【调整】|【去色】命令。

03 选择菜单栏中【图像】|【调整】|【曲线】命令，在打开的【曲线】对话框中设置曲线形状，单击【确定】按钮关闭对话框。本步骤对【背景副本】图层进行了调整。

04 选择菜单栏中的【图像】|【调整】|【色相饱和度】命令，打开【色相饱和度】对话框，选中【着色】复选框，并设置【色相】为40，【饱

和度】为17，单击【确定】按钮关闭对话框。本步骤为【背景副本】图层着色。

05 在【图层】面板中，单击【创建新图层】按钮新建【图层1】，并将前景色设置为黑色。按快捷键Alt+Baackspace使用前景色填充【图层1】。

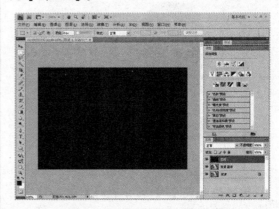

06 选择菜单栏中的【滤镜】|【杂色】|【添加杂色】命令，在打开的【添加杂色】对话框中设置【数量】为16%，【分布】为【高斯分布】，单击【确定】按钮关闭对话框。本步骤为【图层1】添加杂色。

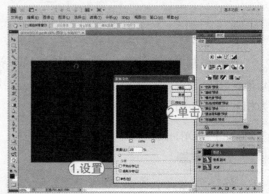

⑦ 选择菜单栏中【图像】|【调整】|【阈值】命令，在打开的【阈值】对话框中设置【阈值色阶】为50，单击【确定】按钮关闭对话框。

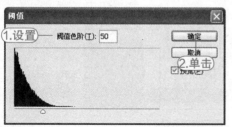

⑧ 选择【滤镜】|【模糊】|【动感模糊】命令，设置【角度】为90度，【距离】为559像素，然后单击【确定】按钮。

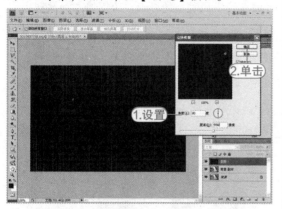

⑨ 选择【滤镜】|【扭曲】|【波纹】命令，打开对话框。在对话框中，设置【数量】为999%，然后单击【确定】按钮。

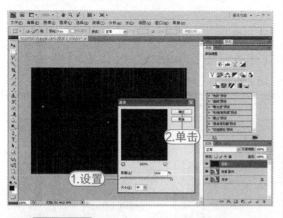

专家指点

【波纹】滤镜可以在选区上创建波状起伏的图案，好像水面的波纹。

⑩ 在【图层】面板中，将【图层1】的图层【混合模式】设置为【颜色减淡】，并单击【添加图层蒙版】按钮。

⑪ 选择【画笔】工具，在选项栏中设置【不透明度】为50%，然后使用工具在蒙版中涂抹。

⑫ 在【图层】面板中，单击【创建新图层】按钮，创建【图层2】，然后使用前景色填充，并设置图层【混合模式】为【滤色】。

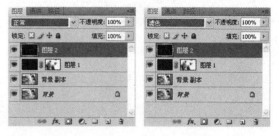

⑬ 选择菜单栏中的【滤镜】|【艺术效果】|【海绵】命令，在打开的【海绵】对话框中设置【画笔大小】为10，【清晰度】为7，【平滑度】为6，然后单击【确定】按钮。

⑭ 在【图层】面板中，单击【添加图层蒙版】按钮，然后使用【画笔】工具在图像蒙版中涂抹。

⑮ 在【图层】面板中，选中【背景副本】图层，选择【工具】面板中的【矩形选框】工具，在选项栏中按下【添加到选区】按钮，在图像中随意框选一些区域。

⑯ 按快捷键Ctrl+J将选区保存为【图层3】。选择菜单栏中的【滤镜】|【纹理】|【颗粒】命令，在打开的【颗粒】对话框中设置【强度】为65，【对比度】为50，单击

【确定】按钮关闭对话框，本步骤为【图层3】添加颗粒效果。

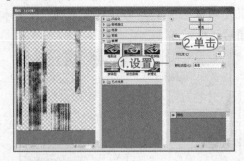

┄┄◀ 注意事项 ▶┄┄

【颗粒】滤镜通过模拟常规、软化、喷洒、结块、强反差、扩大、点刻、水平、垂直和斑点等不同种类的颗粒，为图像添加纹理。

⑰ 在【图层】面板中，将【图层3】的图层【混合模式】设置为【正片叠底】，并单击【添加图层蒙版】按钮。

⑱ 选择【画笔】工具，在选项栏中设置【不透明度】为40%，在【图层3】图层蒙版上随意涂抹，使其看上去更加自然一些。

7.4 制作铅笔画效果

铅笔画是一种常见的绘画技法，但对于没有经过专业学习的人来说，绘制铅笔画是一件困难的事情。通过使用Photoshop应用程序，我们这些不会绘画的人也可以轻松的将普通数码相片制作出惟妙惟肖的铅笔画效果。

【例7-4】 使用Photoshop应用程序，制作铅笔画效果。🎬视频+📁素材

⓪① 在Photoshop CS4应用程序中，选择菜单栏中的【文件】|【打开】命令，打开一幅相片图像。

⓪② 在【图层】面板中，将背景图层拖动到【创建新图层】按钮上释放，创建【背景副本】图层，选择菜单栏中【图像】|【调整】|【去色】命令，将相片中的颜色去掉。

⓪③ 在【图层】面板中，将【背景副本】图层拖动到【创建新图层】按钮上，创建【背景副本2】。在菜单栏中选择【图像】|【调整】|【反相】命令，反相【背景副本2】图像。

┄┄●〖 注意事项 〗●┄┄

【反相】命令用于反转图像中的颜色。可以在创建边缘蒙版的过程中使用【反相】，以便对图像的选定区域应用锐化和其他调整。

⓪④ 在【图层】面板中，将【背景副本2】图层的【混合模式】设置为【颜色减淡】，选择菜单栏中【滤镜】|【模糊】|【高斯模糊】命令，在打开的【高斯模糊】对话框中设置半径为6.5像素，单击【确定】按钮关闭对话框，对【背景副本2】图层进行模糊处理。

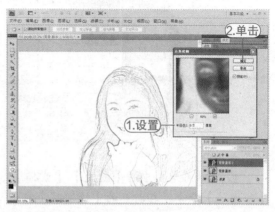

⓪⑤ 在【图层】面板中，将背景图层拖动到【创建新图层】按钮上释放，创建【背景副本3】，然后将其放置在最上层，在【图

层】面板中，将【背景副本3】图层的【不透明度】设置为40%。

⑥ 在【图层】面板中，将【背景副本】图层拖动到【创建新图层】按钮上释放，创建【背景副本4】，并将【背景副本4】图层拖动到最上层。

⑦ 在【图层】面板中单击选中【背景副本4】，选择菜单栏中的【滤镜】|【锐化】|【USM锐化】命令，在打开的【USM锐化】对话框中设置【数量】为200%，【半径】为2像素，单击【确定】按钮关闭对话框。

⑧ 选择菜单栏中的【滤镜】|【素描】|【绘图笔】命令，在打开的【绘图笔】对话框中设置【描边长度】为15，【明/暗平衡】为50，单击【确定】按钮关闭对话框，为【背景副本4】添加绘图笔效果。

专家指点

【绘图笔】滤镜使用细的、线状的油墨描边以捕捉原图像中的细节，对于扫描图像，效果尤其明显。该滤镜使用前景色作为油墨，使用背景色作为纸张，以替换原图像中的颜色。

⑨ 选择【工具】面板中的【魔棒】工具，在【背景副本4】图像的白色区域点击产生选区，然后选择菜单栏中【选择】|【选取相似】命令扩大选区，再选择菜单栏中【选择】|【反向】命令反选选区。

注意事项

使用【魔棒】工具可以选择颜色一致的区域，而不必跟踪其轮廓。用户可以根据与单击的像素的相似度的需要，为魔棒工具的选区指定色彩范围或容差。

⑩ 保持选区，按快捷键Ctrl+J将选区保存为一个新图层——【图层1】。在【图层】面板中，将【背景副本4】视图关闭。

⑪ 选择菜单栏中的【滤镜】|【模糊】|【高斯模糊】命令，在打开的【高斯模糊】对话框中设置【半径】为0.5像素，单击【确定】按钮关闭对话框。

⑫ 在【图层】面板中，将【图层1】的【不透明度】设置为85%，按快捷键Shift+Ctrl+Alt+E盖印图层，生成【图层2】。

⑬ 选择【通道】面板，在【通道】面板中，按住Ctrl键再单击绿通道，载入选区。保持选区，按快捷键Ctrl+J将选区保存为【图层3】。

⑭ 选择菜单栏中的【滤镜】|【锐化】|【USM锐化】命令，在打开的【USM锐化】对话框中设置【数量】为30%，【半径】为1像素，【阈值】为0色阶，单击【确定】按钮关闭对话框，并按快捷键Ctrl+E合并图层。

⑮ 选择菜单栏中的【图像】|【调整】|【色相/饱和度】命令，在打开的【色相/饱和度】对话框中，选中【着色】复选框，设置【色相】为45，【饱和度】为15，单击【确定】按钮。

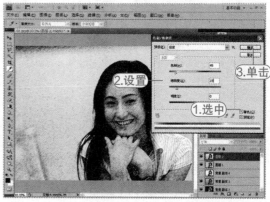

7.5 制作速写效果

速写是一种专业绘画技法，一般需要通过长期的练习，才能达到游刃有余的程度。对于没有绘画基础的人，可以通过Photoshop应用程序制作需要的速写效果。

【例7-5】 使用Photoshop应用程序，制作速写效果。 视频+素材

01 在Photoshop CS4应用程序中，选择菜单栏中的【文件】|【打开】命令，打开一幅相片图像，并按快捷键Ctrl+J复制背景图层。

02 选择【图像】|【调整】|【亮度/对比度】命令，打开【亮度/对比度】对话框。在对话框中，设置【对比度】为70，然后单击【确定】按钮。

03 选择【图像】|【调整】|【去色】命令，去除图像颜色。

04 按快捷键Ctrl+J复制【图层1】图层，选择【图像】|【调整】|【反相】命令。

05 设置【图层1副本】图层【混合模式】为【颜色减淡】。选择【滤镜】|【其他】|【最小值】命令，打开【最小值】对话框，设置【半径】为3像素，然后单击【确定】按钮。

7.6 制作油画效果

使用Photoshop应用程序中的滤镜可以模仿多种绘画效果，使平淡的相片富有艺术感。本例介绍使用Photoshop的滤镜功能制作油画效果。

【例7-6】 使用Photoshop应用程序，制作油画效果。 ◎视频+◎素材

01 在Photoshop CS4应用程序中，选择菜单栏中的【文件】|【打开】命令，打开一幅相片图像，并按快捷键Ctrl+J复制背景图层。

02 选择【滤镜】|【扭曲】|【玻璃】命令，打开【玻璃】对话框。在对话框中，设置【扭曲度】数值为3，【平滑度】数值为3；在【纹理】下拉列表中选择【画布】选项，设置【缩放】数值为79%。

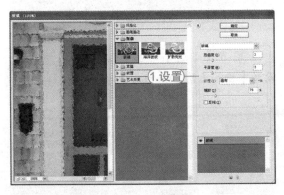

03 在对话框中，单击【新建效果图层】按钮，然后选择【艺术效果】|【绘画涂抹】命令。设置【画笔大小】数值为4，【锐化程度】数值为1，在【画笔类型】下拉列表中选择【简单】选项。

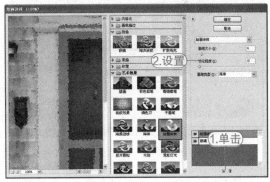

04 在对话框中，单击【新建效果图层】按钮，然后选择【画笔描边】|【成角的线条】命令。设置【方向平衡】数值为46，【描边长度】数值为3，【锐化程度】数值为1。

◎专家指点◎

【成角的线条】滤镜使用对角描边重新绘制图像，用相反方向的线条绘制亮区和暗区。

05 在对话框中，单击【新建效果图层】按钮，然后选择【纹理】|【纹理化】命令。在【纹理】下拉列表中选择【画布】选项，设置【缩放】数值为65%，【凸现】数值为4；在【光照】下拉列表中选择【左上】选项，然后单击【确定】按钮。

专家指点

【纹理化】滤镜可以将选择或创建的纹理应用于图像。

⑥ 按快捷键Ctrl+J复制【图层1】图层，生成【图层1副本】。选择【图像】|【调整】|【去色】命令，并设置【图层1副本】的图层【混合模式】为【叠加】。

⑦ 选择【滤镜】|【风格化】|【浮雕效果】命令，打开【浮雕效果】对话框。设置【角度】为135度，【高度】数值为3像素，【数量】为100%，然后单击【确定】按钮。

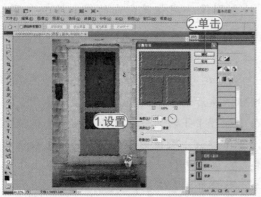

⑧ 打开【调整】列表，在调整列表中单击【色相/饱和度】对话框，设置【饱和度】数值为-4，单击【返回到调整列表】按钮。

⑨ 单击【色阶】命令图标，设置RGB的【输入色阶】数值为0、1.04、232。

⑩ 在【通道】列表中选择【蓝】通道，设置【输入色阶】数值为0、0.59、255。

7.7 制作印刷效果

在传统的印刷制作中，半调是通过在胶片和图像之间放置一个半调网屏，然后曝光胶片产生的。在Photoshop中，我们常常需要在制作胶片或纸张输出前指定【半调网屏】属性。其实，我们也可以用【半调网屏】这个Photoshop位图模式中比较特殊功能来制作特别的图像视觉效果。

【例7-7】 使用Photoshop应用程序，制作印刷效果。 ◈视频+◉素材

01 在Photoshop CS4应用程序中，选择菜单栏中的【文件】|【打开】命令，打开一幅相片图像。

02 选择【图像】|【调整】|【色阶】命令，打开【色阶】对话框，设置【输入色阶】为0、1.02、230，然后单击【确定】按钮。

03 选择【文件】|【存储为】命令，打开【存储为】对话框。在【文件名】文本框中输入"副本"字样，然后单击【保存】按钮，在弹出的【JPEG选项】对话框中，单击【确定】按钮。

04 选择【图像】|【模式】|【灰度】命令，单击【扔掉】按钮。

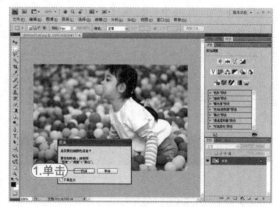

05 选择【图像】|【模式】|【位图】命令，打开【位图】对话框。在对话框中，在【使用】下拉列表中选择【半调网屏】选项，设置【输出】为300像素/英寸，单击【确定】按钮。

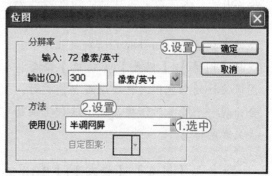

06 在弹出的【半调网屏】对话框的【形

状】下拉列表中选择【菱形】选项，单击
【确定】按钮。

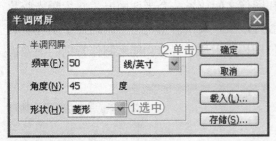

○ 注意事项 ○

将图像转换为位图模式会使图像颜色减少到
两种，从而大大简化图像中的颜色信息，减
小了文件大小。在将彩色图像转换为位图模
式时，要先将其转换为灰度模式，这将删除
像素中的色相和饱和度信息，只保留亮度
值。由于只有很少的编辑选项可用于位图模
式图像，因此最好先在灰度模式下编辑图
像，然后再将它转换为位图模式。

⑦ 选择【图像】|【模式】|【灰度】命
令，打开对话框，单击【确定】按钮。

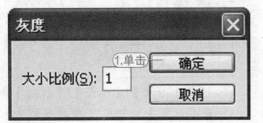

○ 专家指点 ○

【灰度】模式中只存在灰度色彩，最多可
达256级。灰度图像文件中，图像的色彩
饱和度为0，亮度是唯一能够影响灰度图
像的参数。在Photoshop CS4应用程序中，
选择【图像】|【模式】|【灰度】命令将
图像文件的颜色模式转换成灰度模式时，
会出现一个警告对话框，提示这种转换将
丢失颜色信息。

⑧ 选择【图像】|【模式】|【RGB 颜
色】命令，转换颜色模式。

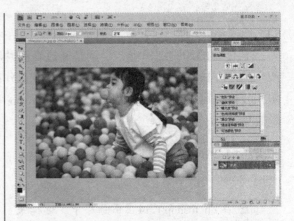

⑨ 按快捷键Ctrl+A全选图像，再按快捷
键Ctrl+C复制图像。

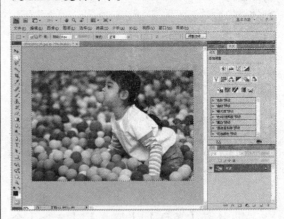

⑩ 选择【文件】|【打开】命令，打开存
储前的文件副本。

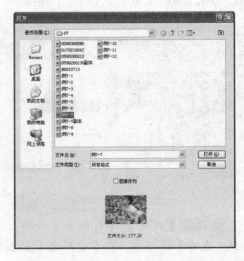

⑪ 按快捷键Ctrl+V将复制的图像粘贴至
原文件中，生成【图层1】。设置【图层1】
图层的【混合模式】为【叠加】，【不透明

度】为30%。

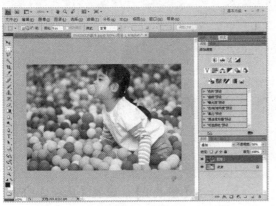

⑫ 单击【添加图层蒙版】按钮，选择

【画笔】工具，设置【不透明度】为50%，使用【画笔】工具在图层蒙版中涂抹人物部分。

7.8 制作扫描线效果

我们可以对相片进行一些有创造性的处理，例如制作电视扫描线效果，这在一些网页和游戏、电影中常可以看到。使用Photoshop应用程序可以模拟出这种效果。

【例7-8】 使用Photoshop应用程序，制作扫描线效果。●视频+●素材

① 选择【文件】|【新建】命令，打开【新建】对话框。设置【宽度】和【高度】为10像素，【分辨率】为300像素/英寸，在【背景内容】下拉列表中选择【透明】选项，然后单击【确定】按钮。

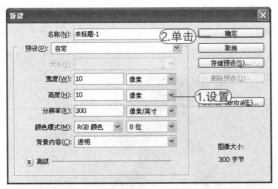

② 选择【铅笔】工具，在选项栏中设置画笔大小2px，绘制一条直线。

③ 选择【编辑】|【定义图案】命令，打开【图案名称】对话框。在【名称】文本框中输入"条纹"，然后单击【确定】按钮。

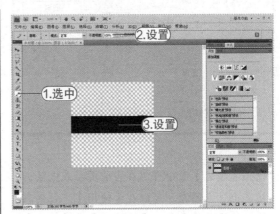

◎ 专家指点 ◎

【定义图案】命令可以将图层或选区中的图像定义为图案。定义图案后，可以使用【填充】命令将图案填充到图层或选区中。

④ 选择【文件】|【打开】命令，打开一幅素材图像，并按快捷键Ctrl+J复制背景图层。

⑤ 单击【创建新图层】按钮，创建【图层2】。选择【编辑】|【填充】命令，打开【填充】对话框，选择步骤3中定义的图案，然后单击【确定】按钮。

⑦ 选中【图层1】，选择【滤镜】|【模糊】|【高斯模糊】命令，打开【高斯模糊】对话框。在对话框中设置【半径】为5像素，然后单击【确定】按钮。

⑧ 在【图层】面板中，设置【图层1】的图层【混合模式】为【柔光】，【不透明度】为30%。

> **📌 专家指点**
>
> 使用【填充】命令可以在当前图层或选区内填充颜色或图案。可以在【使用】下拉列表中选择【前景色】、【背景色】或【图案】等作为填充内容；还可以设置不透明度和混合模式。选中【保留透明区域】选项，可以只对图层中包含像素的区域进行填充。文本图层和被隐藏的图层不能进行填充。

⑥ 在图层面板中，设置【图层2】的图层【混合模式】为【叠加】。

7.9 制作拼贴效果

艺术像素风格的图片在Web设计中经常看到过。通过Photoshop中的【马赛克】滤镜命令我们也可以轻松制作出艺术像素风格的拼贴效果。

【例7-9】 使用Photoshop应用程序，制作拼贴效果。📹视频+📁素材

⓵ 在Photoshop CS4应用程序中，选择菜单栏中的【文件】|【打开】命令，打开一幅相片图像。

⓶ 选择【图像】|【调整】|【色阶】命令，打开对话框。设置【输入色阶】为8、1.55、200，然后单击【确定】按钮。

⓷ 按快捷键Ctrl+J复制背景图层。选择【滤镜】|【像素化】|【马赛克】命令，设置【单元格大小】为77方形，然后单击【确定】按钮。

专家指点

【马赛克】滤镜模拟使用马赛克拼图的效果。使用该滤镜时，可以通过【单元格大小】选项来控制马赛克的大小。

⓸ 在【图层】面板中设置【图层1】的图层【混合模式】为【强光】。

⓹ 选择【滤镜】|【锐化】|【USM锐化】命令。打开【USM锐化】对话框，设置【数量】为220%，【半径】为3像素，然后单击【确定】按钮。

7.10 制作刮痕效果

使用Photoshop应用程序中的【画笔】工具，结合图层混合模式，可以制作出旧胶片的刮

痕效果。

【例7-10】 使用Photoshop应用程序,制作刮痕效果。 📎视频+📎素材

01 在Photoshop CS4应用程序中,选择菜单栏中的【文件】|【打开】命令,打开一幅相片图像,并按快捷键Ctrl+J复制背景图层。

02 打开【调整】面板,在调整列表中单击【亮度/对比度】命令图标,打开设置选项,设置【亮度】数值为-10,【对比度】数值为45。

03 按快捷键Shift+Ctrl+Alt+E盖印图层,选择【图像】|【调整】|【去色】命令。

04 选择【滤镜】|【杂色】|【添加杂色】命令,打开【添加杂色】对话框,设置【数量】数值为9%,然后单击【确定】按钮。

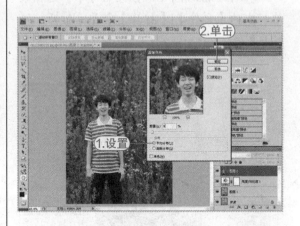

05 在【图层】面板中,设置【图层2】的图层【混合模式】为【变亮】,【不透明度】数值为60%。

06 在【图层】面板中,单击【创建新图层】按钮创建【图层3】。选择【工具】面板中的【画笔】工具,然后按F5键打开【画笔】面板。在【画笔笔尖形状】选项中,选中【尖角5】画笔样式,设置【间距】数值为25%。在【形状动态】选项中,设置【大小抖动】数值为43%,【最小直径】数值为44%,【角度抖动】数值为29%,【圆度抖动】数值为66%,【最小圆度】数值为25%。

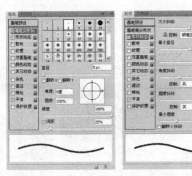

⑦ 单击【工具】面板中的【切换前景色和背景色】按钮，然后使用【画笔】工具在【图层3】中绘制划痕线。

⑧ 在【图层】面板中，设置【图层3】的图层【混合模式】为【叠加】。

⑨ 选择【橡皮擦】工具，在选项栏中设置【画笔】为【尖角13像素】，设置【不透明度】数值为40%，然后使用【橡皮擦】工具擦去【图层3】中不自然的部分。

7.11 制作水珠效果

在Photoshop应用程序中，可以使用滤镜命令制作水珠，然后通过设置图层样式制作出真实自然的水珠效果。

【例7-11】 使用Photoshop应用程序，制作水珠效果。　📹视频＋📁素材

① 在Photoshop CS4应用程序中，选择菜单栏中的【文件】|【打开】命令，打开一幅相片图像。

② 在【调整】面板中，单击调整列表中的【色阶】命令图标，打开设置选项。设置【输入色阶】为34、1.13、210。

03 在【通道】下拉列表中选择【绿】，设置【输入色阶】为11、1.24、255。

04 按快捷键Ctrl+E合并图层，然后选择【滤镜】|【锐化】|【USM锐化】命令，打开【USM锐化】对话框。在对话框中，设置【数量】为160%，【半径】为2像素，然后单击【确定】按钮。

05 放大图像。在【图层】面板中单击【创建新图层】按钮，创建【图层1】。选择【椭圆选框】工具在图像中创建选区。

06 选择【渐变】工具，在选区中创建线性渐变。

07 单击【添加图层样式】按钮，在弹出的菜单中选择【投影】选项，设置【不透明度】为30%，【角度】为70度，【距离】为4像素，【大小】为6像素。

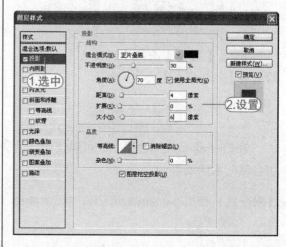

08 选中【斜面和浮雕】选项，设置【深度】为184%，【大小】为250像素，【软化】为16像素，阴影【角度】为120度，【高度】为0度，【高光模式】的【不透明度】为0%，【阴影模式】的颜色为白色，然后单击【确定】按钮。

⊙ 注意事项 ⊙

【斜面和浮雕】图层样式可以为图层中的图像添加不同形式的斜面与浮雕效果。

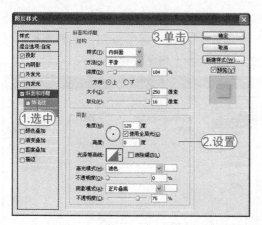

09 在【图层】面板中设置图层的【混合模式】为【叠加】，选择【减淡】工具擦出高光。

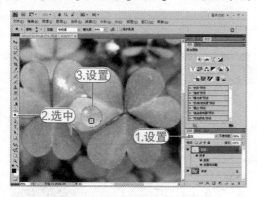

◎ 专家指点

【减淡】工具通过提高图像的曝光度来提高图像的亮度。使用时在图像需要亮化的区域反复拖动即可。

10 在【图层】面板中，单击【添加图层蒙版】按钮。选择【滤镜】|【模糊】|【高斯模糊】命令，打开【高斯模糊】对话框。设置【半径】为5像素，然后单击【确定】按钮。

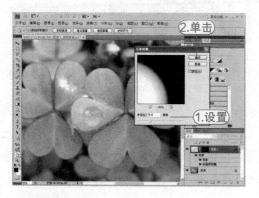

11 选中背景图层，按快捷键Ctrl+J复制背景图层。按Ctrl键再单击【图层1】缩览图，载入选区。

12 选择【滤镜】|【扭曲】|【球面化】命令，打开【球面化】对话框。设置【数量】为100%，然后单击【确定】按钮。按快捷键Ctrl+D取消选区。

◎ 专家指点

【球面化】滤镜通过将选区折成球形、扭曲图像以及伸展图像以与选中的曲线匹配，使对象具有3D效果。

13 在【图层】面板中，选中【图层1】图层，将其拖动到【创建新图层】按钮上释放，创建【图层1副本】。按快捷键Ctrl+T应用【自由变换】命令缩小图像。

14 反复应用步骤13，创建【图层1副本2】、【图层1副本3】、【图层1副本4】图层，并调整位置及大小。

Photoshop 数码相片处理

⑮ 按快捷键Shift+Ctrl+Alt+E盖印图层，再按快捷键Ctrl+J复制【图层2】，使用白色填充【图层2】。然后选中【图层2副本】图层，按快捷键Ctrl+T应用【自由变换】命令旋转缩小图像。

⑯ 双击【图层2副本】图层，打开【图层样式】对话框。选中【投影】选项，设置【大小】数值为35像素，然后单击【确定】按钮。

⑰ 在【图层】面板中，单击【创建新图层】按钮创建【图层3】。选择【滤镜】|【渲染】|【云彩】命令，再选择【滤镜】|【素

描】|【图章】命令，在打开的【图章】对话框中设置【明/暗平衡】为25，【平滑度】为27，然后单击【确定】按钮。

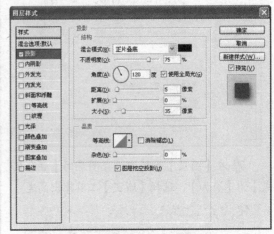

⑱ 在【工具】面板中，选择【魔棒】工具，单击图像中的白色部分，按Delete键删除。

⑲ 选择【工具】面板中的【橡皮擦】工具，在选项栏中设置选项，然后擦除图像多余的黑色斑点。

⑳ 按快捷键Ctrl+T应用【自由变换】命令移动并放大图像。

㉑ 按Ctrl键再单击【图层3】缩览图载入选区。选择【选择】|【修改】|【收缩】命令，打开【收缩选区】对话框。设置【收缩量】为6像素，然后单击【确定】按钮。

㉒ 选择【选择】|【修改】|【羽化】命令，打开【羽化选区】对话框。设置【羽化半径】为6像素，然后单击【确定】按钮。

㉓ 按快捷键Ctrl+Shift+I反选选区，再按Delete键删除边缘图像。

㉔ 按快捷键Ctrl+D取消选区。双击【图层3】图层打开【图层样式】对话框。在对话框中，选中【斜面和浮雕】选项，设置【深度】为115%，【大小】数值为30像素；设置阴影【高度】为30度，在【光泽等高线】下拉列表中选择内凹-深样式，【高光模式】的【不透明度】为55%，【阴影模式】的【不透明度】为15%，然后单击【确定】按钮。

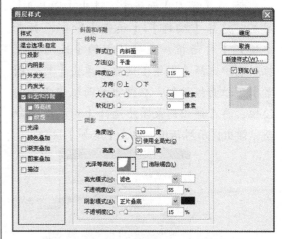

㉕ 在【图层】面板中，将【图层3】的【填充】数值设置为0%。

㉖ 双击【图层3】，打开【图层样式】对话框。选中【投影】选项，在【混合模式】下拉列表中选择【线性光】，设置【不透明度】数值为27%，然后单击【确定】按钮。

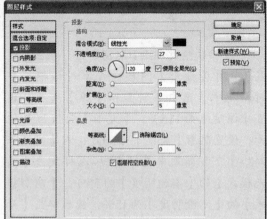

㉗ 在【图层】面板中，选中【图层2】图层。选择【编辑】|【填充】命令，打开【填充】对话框。在对话框的【使用】下拉列表中选择【图案】选项，单击【自定图案】下拉面板按钮，在弹出的面板中单击⊙按钮，再在弹出的菜单中选择【彩色纸】命令，弹出提示对话框，单击【追加】按钮。

㉘ 在【填充】对话框的【使用】下拉

面板中单击【树叶图案纸】图案，然后单击【确定】按钮填充图案。

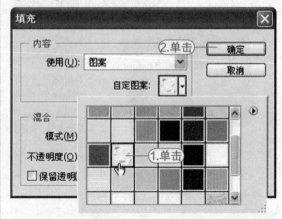

㉙ 按快捷键Ctrl+T应用【自由变换】命令移动并放大图像。

㉚ 打开【调整】面板，在调整列表中单击【色阶】命令图标。在设置选项中，设置【输入色阶】数值为83、1.00、255。

㉛ 在【通道】下拉列表中选择【绿】选项，设置【输入色阶】数值为65、1.00、255。

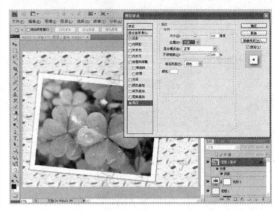

色，【大小】数值为110%，在【位置】下拉列表中选择【内部】选项，然后单击【确定】按钮。

㉜ 在【图层】面板中，双击【图层2副本】图层，打开【图层样式】对话框。选中【描边】图层样式，设置【颜色】为白

7.12　黑白转彩色

使用Photoshop应用程序【色相/饱和度】命令中的【着色】选项，可以为黑白相片添加色彩，使相片看上去焕然一新。

【例7-12】 使用Photoshop应用程序，将黑白相片转为彩色相片。 视频+素材

㉙ 在Photoshop CS4应用程序中，选择菜单栏中的【文件】|【打开】命令，打开一幅相片图像，并按快捷键Ctrl+J复制背景图层。

㉚ 选择【工具】面板中的【多边形套索】工具，在选项栏中设置【羽化】数值为1px，然后使用【多边形套索】工具勾选荷花的边缘创建选区。

㉛ 打开【调整】面板，在调整列表中单击【色相/饱和度】命令图标，打开设置选项。选中【着色】复选框，设置【色相】数

值为335，【饱和度】数值为60。

㉜ 按住Ctrl键再单击【色相/饱和度1】调整图层的图层蒙版，载入选区，选择【选

择】|【反向】命令反选选区。

05 在【调整】面板中，单击【返回到调整列表】按钮。在调整列表中单击【色相/饱和度】命令图标，打开设置选项。选中【着色】复选框，设置【色相】数值为130，【饱和度】数值为20。

06 按快捷键Shift+Ctrl+Alt+E盖印图层，生成【图层2】图层。在【调整】面板中，单击【可选颜色】命令图标，打开设置选项。在【颜色】下拉列表中选择【洋红】选项，设置【洋红】数值为–30%。

Chapter

08

相片效果特殊修饰

Photoshop 应用程序作为专业的图像编辑处理软件，不仅可以处理数码相片的画面效果，还可以随心所欲的制作特殊的图像效果。

■ 制作折痕效果
■ 制作卷边效果
■ 制作邮票效果
■ 制作冰裂效果
■ 制作沙化效果
■ 制作残旧效果
■ 制作编织效果
■ 制作木纹相框
■ 制作瓷砖效果
■ 制作撕纸效果

参见随书光盘

例8-1 制作折痕效果　　　　例8-2 制作卷边效果
例8-3 制作邮票效果　　　　例8-4 制作冰裂效果
例8-5 制作沙化效果　　　　例8-6 制作残旧效果
例8-7 制作编织效果　　　　例8-8 制作木纹相框
例8-9 制作瓷砖效果　　　　例8-10 制作撕纸效果

8.1 制作折痕效果

使用Photoshop应用程序除了可以改善数码相片的画面效果外，还可以为相片添加特殊的修饰效果，让普通的相片看上去更具趣味性。本例将运用Photoshop应用程序中的通道功能制作折痕的效果。

【例8-1】 使用Photoshop应用程序，制作折痕效果。 视频+素材

01 在Photoshop CS4应用程序中，选择菜单栏中的【文件】|【打开】命令，打开一幅相片图像。在【图层】调板中，将背景图层拖动到【创建新图层】按钮上释放，创建【背景副本】图层。

02 在菜单栏中选择【图像】|【调整】|【色阶】命令，打开【色阶】对话框。设置【输入色阶】为11、1.07、215。

03 在【通道】下拉列表中选择【红】，设置【输入色阶】为0、0.90、255。

04 在【通道】下拉列表中选择【绿】，设置【输入色阶】为0、1.06、255，然后单击【确定】按钮。

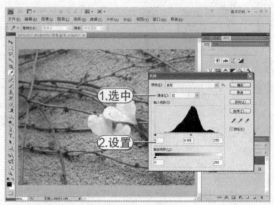

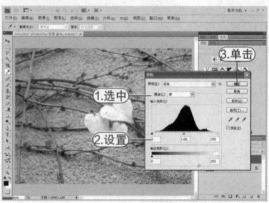

05 选择【图像】|【调整】|【色相/饱和度】命令，打开【色相/饱和度】对话框。选中【着色】复选框，设置【色相】为187，【饱和度】为10，然后单击【确定】按钮。

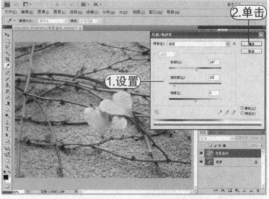

06 选择【视图】|【标尺】命令，打开标

尺。在标尺上单击并拖动绘制两条参考线。

07 选择【通道】面板,单击【创建新通道】按钮,创建Alpha 1通道。在Alpha 1通道中,使用【矩形选框】工具在垂直参考线右侧创建选区。

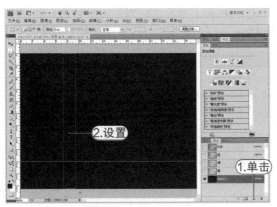

08 选择【渐变】工具,按住Shift键后从右往左拖动对矩形选框进行填充。

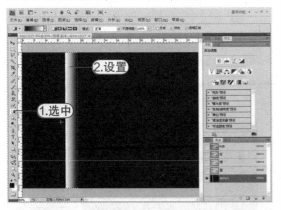

09 选择【通道】面板,单击【创建新通道】按钮,创建Alpha 2通道。在Alpha 2通道中,使用【矩形选框】工具在垂直参考线左侧创建选区。

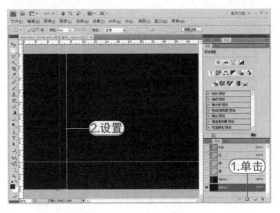

10 选择【渐变】工具,按住Shift键后从左往右拖动对矩形选框进行填充。

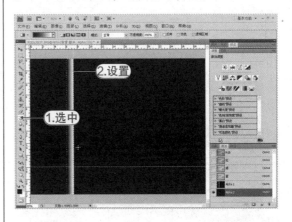

11 选择【通道】面板,单击【创建新通道】按钮,创建Alpha 3通道。在Alpha 3通道中,使用【矩形选框】工具在水平参考线上方创建选区。

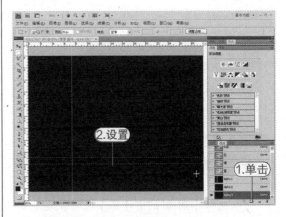

12 选择【渐变】工具,按住Shift键后从上往下拖动对矩形选框进行填充。

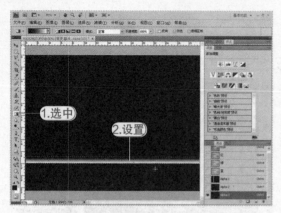

⑬ 选择【通道】面板，单击【创建新通道】按钮，创建Alpha4通道。在Alpha4通道中，使用【矩形选框】工具在水平参考线下方创建选区。

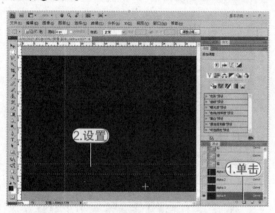

⑭ 选择【渐变】工具，按住Shift键后从下往上拖动为矩形选框进行填充，然后按快捷键Ctrl+D取消选区。

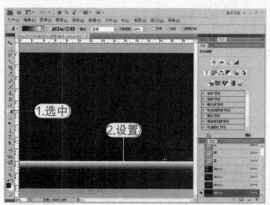

⑮ 选择【图像】|【计算】命令，在打开的【计算】对话框中设置源1的通道为Alpha1，源2的通道为Alpha3，设置【混合】为【滤色】，单击【确定】按钮关闭对话框。本步骤对Alpha1和Alpha3进行计算，生成Alpha5。

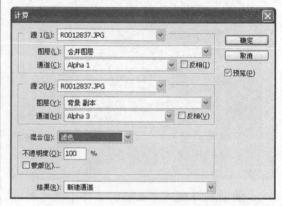

⑯ 选择【图像】|【计算】命令，在打开的【计算】对话框中设置源1的通道为Alpha2，源2的通道为Alpha4，设置【混合】为【滤色】，单击【确定】按钮关闭对话框。本步骤对Alpha2和Alpha4进行计算，生成Alpha6。

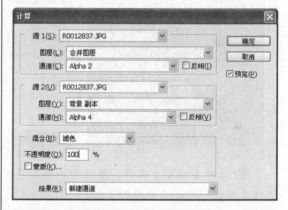

⑰ 在【通道】面板中，选中Alpha5通道，单击【将通道作为选区载入】按钮，载入Alpha5通道选区。

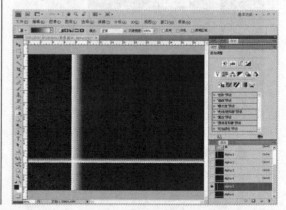

⑱ 关闭Alpha5通道视图。单击RGB通道，在【调整】面板中，单击【曲线】命令图标，打开设置选项，调整曲线形状。

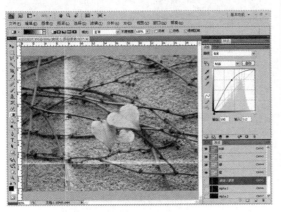

⑲ 按住Ctrl键后再单击Alpha6通道缩览图，载入选区。在【调整】面板中，单击【返回到调整列表】按钮，再单击【曲线】命令图标，打开设置选项，调整曲线形状。

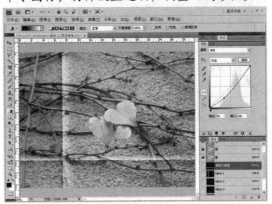

8.2 制作卷边效果

本例主要通过选区的变换、【渐变】工具以及图层混合模式的应用，介绍如何使用Photoshop应用程序为数码相片添加卷边的效果。

【例8-2】 使用Photoshop应用程序，制作卷边效果。 视频+素材

⓵ 在Photoshop CS4应用程序中，选择菜单栏中的【文件】|【打开】命令，打开一幅相片图像，并按快捷键Ctrl+J复制背景图层。

⓶ 选择【图像】|【计算】命令，打开【计算】对话框，在源2的【通道】下拉列表中选择【灰色】选项，并选中【反相】复选框，然后单击【确定】按钮。

⓷ 选择【图像】|【计算】命令，打开【计算】对话框，在【混合】下拉列表中选

择【强光】选项，单击【确定】按钮。

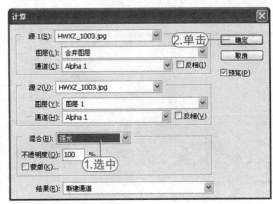

⓸ 按住Ctrl键再单击Alpha2通道缩览

图，载入选区。

⑤ 单击RGB通道，在【调整】面板的调整列表中单击【曲线】命令图标，打开设置选项，并调整RGB曲线形状。

⑥ 在【图层】面板中，选中【图层1】。选择【滤镜】|【杂色】|【蒙尘与划痕】命令，打开【蒙尘与划痕】对话框，设置【半径】数值为2像素，【阈值】为0，然后单击【确定】按钮。

⑦ 设置【图层1】的图层【混合模式】为【滤色】，【不透明度】为35%。

⑧ 在【工具】面板中，选择【画笔】工具，然后使用【画笔】工具在【曲线1】调整图层中涂抹需要加深的部位。

⑨ 在【调整】面板中，单击【返回到调整列表】按钮，在调整列表中单击【色阶】命令图标，打开设置选项。在【通道】下拉列表中选择【红】，设置【输入色阶】数值为0、1.30、255。

⑩ 按快捷键Shift+Ctrl+Alt+E盖印图层，生成【图层2】，然后在【色阶1】调整图层

上创建图层——【图层3】，并用白色填充。

然后从选区中间向外侧拖动创建渐变。

⓫ 选中【图层2】，选择【滤镜】|【锐化】|【USM锐化】命令，打开【USM锐化】对话框。设置【数量】为100%，【半径】为1像素，然后单击【确定】按钮。

⓬ 按快捷键Ctrl+F再次应用【USM锐化】命令，并按快捷键Ctrl+T应用【自由变换】命令缩小图像画面。

⓯ 选择【编辑】|【自由变换】命令，并按快捷键Ctrl+Shift+Alt调整图像。

⓭ 在【图层】面板中，单击【创建新图层】按钮，创建【图层4】。选择【矩形选框】工具，在图像中创建选区。

⓮ 选择【渐变】工具，在选项栏中单击【对称渐变】按钮，选中【反向】复选框，

⓰ 按快捷键Ctrl+Alt将中心点移动到锥形顶点，将锥形顶点移动至右上角，并旋转锥形调整角度。

⓱ 按Ctrl键调整控制点位置，改变锥形形状，并按Enter键应用调整。

⓲ 选择【椭圆选框】工具，使用【椭圆选框】工具创建选区。

⓳ 选择【选择】|【变换选区】命令调整椭圆形选区形状，并按Enter键应用；然后按Delete键删除选区内图像。

⓴ 选择【多边形套索】工具，在图像中创建选区，并删除选区内图像。

㉑ 按住Ctrl键再单击【图层4】图层缩览图，载入选区。单击【创建新图层】按钮，创建【图层5】。

㉒ 选择【选择】|【变换选区】命令，移动中心点位置。右击鼠标，在弹出的快捷菜单中选择【水平翻转】命令旋转选区。

㉓ 在【图层】面板中，选中【图层2】图层，按快捷键Ctrl+C复制。按快捷键Ctrl+V粘贴选区内图像至【图层5】。

㉔ 选择【编辑】|【自由变换】命令，移动中心点位置。右击鼠标，在弹出的快捷菜单中选择【水平翻转】命令旋转图像。

㉕ 将【图层4】放置在最顶层，然后设置其图层【混合模式】为【叠加】。

㉖ 使用【多边形套索】工具在图像中创建选区。在【图层】面板中，选中【图层

2】，按Delete键删除选区内图像。

㉗ 在【图层】面板中，选中【图层5】，并将图层【混合模式】设置为【深色】。

㉘ 单击【添加图层样式】按钮，在弹出的菜单中选择【投影】命令，打开【图层样式】对话框。设置【不透明度】为40%，【角度】为80度，【距离】为10像素，【扩展】为23%，【大小】为1像素，然后单击【确定】按钮。

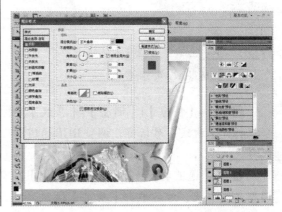

8.3 制作邮票效果

本例主要通过形状工具和【画笔】工具的结合运用，介绍如何使用Photoshop应用程序制作邮票效果。

【例8-3】 使用Photoshop应用程序，制作邮票效果。 视频+素材

01 在 Photoshop CS4 应用程序中，选择【文件】|【打开】命令，打开一幅图像文件，并按快捷键Ctrl+J复制背景图层。

02 选择【滤镜】|【锐化】|【USM锐化】命令，打开【USM锐化】对话框。在对话框中设置【数量】为133%，【半径】为2像素，然后单击【确定】按钮。

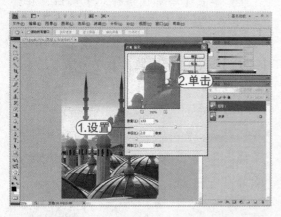

03 选择【图像】|【调整】|【曲线】命令，打开【曲线】对话框，调整RGB通道曲线形状。

04 在【通道】下拉列表中选择【蓝】，调整曲线形状，然后单击【确定】按钮。按

快捷键Ctrl+A全选图像，再按快捷键Ctrl+C复制图像。

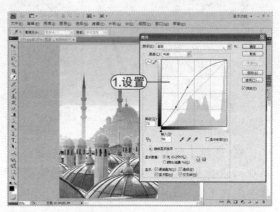

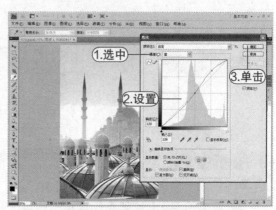

05 选择【文件】|【新建】命令，打开【新建】对话框。在对话框中，设置【宽度】和【高度】为100毫米，【分辨率】为150像素/英寸，然后单击【确定】按钮。

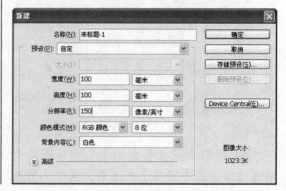

06 选择【矩形】工具，在选项栏中单击【路径】按钮，然后在图像中拖动绘制路径。

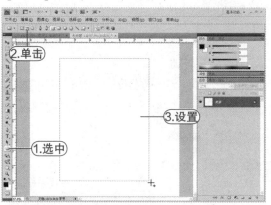

07 选择【工具】面板中的【画笔】工具，按F5键打开【画笔】面板。在【画笔】面板中，选中【画笔笔尖形状】选项，选择【尖角13】的画笔样式，设置【间距】为135%。

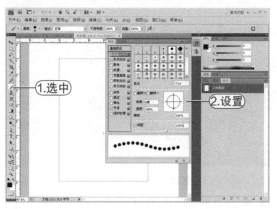

08 在【路径】面板中，单击【用画笔描边路径】按钮，在图像上描边路径。

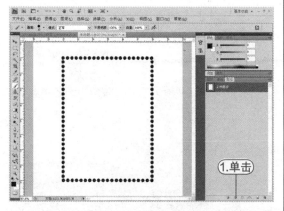

09 选择【矩形选框】工具，在选项栏中单击【从选区减去】按钮，在图像中创建选区，

按快捷键Alt+Backspace使用前景色填充选区。

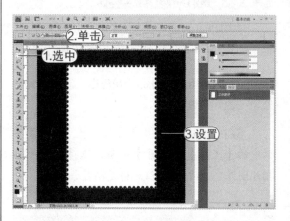

10 在选项栏中，单击【新选区】按钮，再次使用【矩形选框】工具在图像中创建选区。

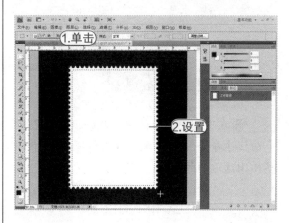

11 在【路径】面板中取消【工作路径】选中状态。选择【编辑】|【贴入】命令，将图像贴入到选区内，并按快捷键Ctrl+T应用【自由变换】命令调整图像大小。

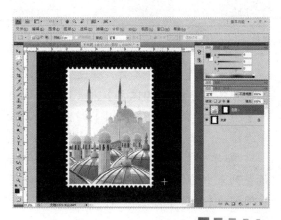

8.4 制作冰裂效果

使用Photoshop应用程序可以仿制一些自然环境造成的特殊现象。本例结合选区和滤镜功能，使用Photoshop应用程序制作冰裂效果。

【例8-4】 使用Photoshop应用程序，制作冰裂效果。❤视频+❤素材

01 在Photoshop CS4应用程序中，选择菜单栏中的【文件】|【打开】命令，选择打开一幅相片图像，并按快捷键Ctrl+J复制背景图层。

02 在【调整】面板中，单击调整列表中【曲线】命令按钮，在打开的设置选项中调整RGB通道曲线形状。

03 选择【画笔】工具，在选项栏中设置画笔样式为【柔角300像素】，设置【不透明度】为20%，然后在【曲线1】调整图层蒙版中涂抹。

04 单击【返回到调整列表】按钮，单击调整列表中的【色彩平衡】命令图标，设置中间调的【色阶】为23、-5、1。

05 按快捷键Shift+Ctrl+Alt+E盖印图层，生成【图层2】。选择【滤镜】|【锐化】|【USM锐化】命令，打开【USM锐化】对话框。设置【数量】为65%，【半径】为2像素，然后单击【确定】按钮。

06 选择【矩形选框】工具，在【图层

2】中创建选区。在【通道】面板中，单击【创建新通道】按钮创建Alpha1通道，打开RGB通道视图。

07 选择【选择】|【反向】命令，将矩形选区以外的部分选中。选择【选择】|【修改】|【羽化】命令，在打开的【羽化选区】对话框中，设置【羽化半径】为100像素，单击【确定】按钮。

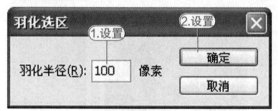

08 按Delete键将选区内图像删除，再按快捷键Ctrl+D取消选区。

09 选择菜单栏中的【滤镜】|【像素化】|【晶格化】命令，在打开的【晶格化】对话框中，设置【单元格大小】为100，单击【确定】按钮。

10 按住Ctrl键再单击Alpha1通道，载入选区。关闭Alpha1通道的视图，单击RGB通道。

11 保持选区，返回【图层】面板，新建【图层3】，并使用背景色填充。

12 选择【滤镜】|【锐化】|【USM锐化】命令，在打开的【USM锐化】对话框中设置【数量】为500%，【半径】为5像素，【阈值】为10色阶，单击【确定】按钮。

【滤镜】|【锐化】|【USM锐化】命令，打开【USM锐化】对话框，设置【半径】为1.5像素，然后单击【确定】按钮。

⑬ 设置【图层3】的图层【混合模式】为【柔光】，按快捷键Ctrl+D取消选区。选择

8.5 制作沙化效果

本例主要通过图层混合模式的应用，介绍如何使用Photoshop应用程序为数码相片制作沙化的效果。

【例8-5】 使用Photoshop应用程序，制作沙化效果。 视频+素材

① 在Photoshop CS4应用程序中，选择菜单栏中的【文件】|【打开】命令，打开一幅相片图像，并按快捷键Ctrl+J复制背景图层。

② 在【背景】图层上方新建【图层2】，并使用背景色填充。选中【图层1】图层，按快捷键Ctrl+T应用【自由变换】命令，然后按快捷键Shift+Alt缩小图像。

③ 按快捷键Ctrl+E合并【图层1】、【图层2】，再按快捷键Ctrl+T应用【自由变换】命令缩小并旋转图像画面。

④ 按快捷键Ctrl+J复制【图层2】，关闭【图层2】视图，然后单击【添加图层蒙版】按钮。

05 选择【渐变】工具，在选项栏中设置渐变样式为前景色到透明色，然后在图像中从左往右拖动创建蒙版。

06 在【图层】面板中，设置【图层2副本】的图层【混合模式】为【溶解】。

○**专家指点**○

选择【溶解】模式后，图像画面会产生溶解的粒状效果。【不透明度】数值越小，溶解效果越明显。

07 在【图层】面板中，选中【背景】图层。在【调整】面板的调整列表中单击【色相/饱和度】命令图标，打开设置选项，设置【明度】为60。

08 打开【图层2】视图，并选中【图层2】。单击【添加图层蒙版】按钮，添加图层蒙版。

09 选择【画笔】工具，选择柔角的画笔样式，设置【不透明度】为20%，然后在图像中涂抹。

⑩ 选中【图层2副本】图层蒙版。选择
【涂抹】工具，在选项栏中选择一种柔角的
画笔样式，设置【强度】为50%，然后使用
【涂抹】工具涂抹图像。

⑫ 在图层面板中，选中【图层2副本】
图层，按快捷键Ctrl+Shift+Alt+E盖印图层，生
成【图层3】图层。

⑪ 在【图层】面板中双击【图层2】
图层，打开【图层样式】对话框。在对话框
中，选中【投影】选项，设置【不透明度】
为60%，【大小】为10像素，然后单击【确
定】按钮。

8.6 制作残旧效果

本例主要结合Photoshop应用程序中多种特殊的滤镜功能，为数码相片制作残旧边缘的效
果，增强相片画面效果。

【例8-6】 使用Photoshop应用程序，制作残旧效
果。 ◆视频+◆素材

⓵ 在Photoshop CS4应用程序中，选择菜
单栏中的【文件】|【打开】命令，打开一幅
相片图像。

⓶ 选择【图像】|【调整】|【阴影/高光】
命令，打开【阴影/高光】对话框。设置阴影
【数量】为60%，然后单击【确定】按钮。

⓷ 选择【滤镜】|【锐化】|【USM锐
化】命令，打开【USM锐化】对话框。设置

【数量】为133%，【半径】为2像素，然后单击【确定】按钮。

04 按快捷键Ctrl+A全选图像，再按快捷键Ctrl+C复制图像。按快捷键Ctrl+N打开【新建】对话框，单击【确定】按钮。

05 选择菜单栏中的【滤镜】|【渲染】|【云彩】命令，制作云彩效果。

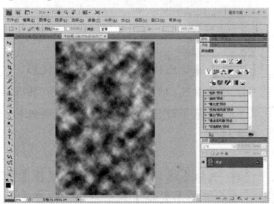

06 选择【滤镜】|【渲染】|【分层云彩】命令，并按快捷键Ctrl+F再次应用云彩效果。

07 选择【图像】|【调整】|【反相】命令，将图像效果反相。

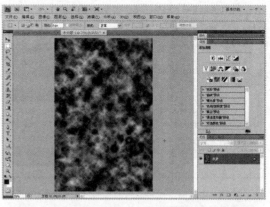

08 选择【滤镜】|【艺术效果】|【调色刀】命令，在打开的【调色刀】对话框中，设置【画笔大小】为20，【描边细节】为3，【软化度】为0。

▶ 专家指点 ◀

【调色刀】滤镜可以减少图像中的细节，显示下层纹理，从而描绘出画布效果。

09 单击【新建效果图层】按钮，再单击【海报边缘】命令，设置【边缘厚度】为2，【边缘强度】为1，【海报化】为2。

专家指点

【海报边缘】滤镜可以在图像中进行色调分离，查找出图像的边缘并在边缘上绘制黑色线条，以提高图像的对比度，产生剪贴画的效果。

⑩ 单击【新建效果图层】按钮，再单击【扭曲】|【玻璃】命令，设置【扭曲度】为5，【平滑度】为3，【缩放】为110%，然后单击【确定】按钮。

⑪ 选择【文件】|【存储为】命令，打开【存储为】对话框，在【文件名】文本框中输入"置换"，在【格式】下拉列表中选择*.PSD，然后单击【保存】按钮。

⑫ 返回进行编辑的图像，选择【矩形选框】工具，在选项栏中单击【从选区减去】按钮，然后创建选区。

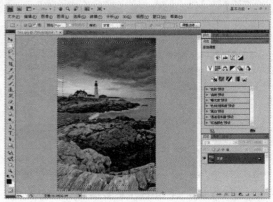

⑬ 单击【创建新图层】按钮，在【颜色】面板中将前景色设置为RGB=245、180、125，使用前景色填充选区，然后按快捷键Ctrl+D取消选区。

注意事项

【置换】滤镜比较特殊。使用该滤镜后，图像的像素可以向不同的方向位移。其效果不仅依赖于对话框的设置，而且还依赖于置换图。

⑭ 选择【滤镜】|【扭曲】|【置换】命令，在打开的【置换】对话框中，设置【水平比例】和【垂直比例】为30，然后单击【确定】按钮。在弹出的【选择一个置换图】对话框中，选择【置换】文件，单击【打开】按钮。

⑮ 选择【图像】|【调整】|【色相/饱和度】命令，打开【色相/饱和度】对话框。设置【色相】为-5，【饱和度】为-60，【明度】为65，然后单击【确定】按钮。

8.7　制作编织效果

使用Photoshop应用程序中的选区功能，结合图层样式，可以制作出特殊的画面效果。本例介绍使用Photoshop应用程序制作编织画面效果。

【例8-7】 使用Photoshop应用程序，制作编织效果。 ◎视频+◎素材

① 在Photoshop CS4应用程序中，选择菜单栏中的【文件】|【打开】命令，打开一幅相片图像。

② 选择【图像】|【调整】|【色阶】命令，打开【色阶】对话框。设置【输入色阶】为23、1.05、255。

③ 在【通道】下拉列表中选择【红】，设置【输入色阶】为0、0.89、255，然后单击【确定】按钮。

④ 在应用程序栏中，单击【查看额外内容】按钮，在弹出的菜单中选择【显示网格】命令。

⑤ 选择【编辑】|【首选项】|【参考线、网格和切片】命令，打开【首选项】对话框。在【网格】选项的【颜色】下拉列表中选择【浅灰色】，然后单击【确定】按钮。

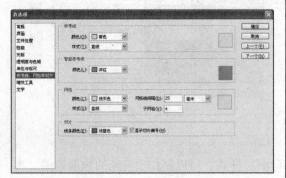

⑥ 按快捷键Ctrl+J两次复制【背景】图层。在【图层】面板中选中【背景】图层，使用前景色填充。

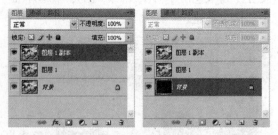

⑦ 在【图层】面板中，选中【图层1】，并关闭【图层1副本】图层视图。选择【矩形选框】工具，在选项栏中单击【添加到选区】按钮，在图像中根据参考线创建选区。

⑧ 使用【选择】|【反向】命令反选选区，然后在【图层】面板中单击【添加图层蒙版】按钮。

⑨ 选择【图层1副本】图层，并打开图层视图。使用【矩形选框】工具在图像中创建选区。

⑩ 选择【选择】|【反向】命令，然后在【图层】面板中单击【添加图层蒙版】按钮。

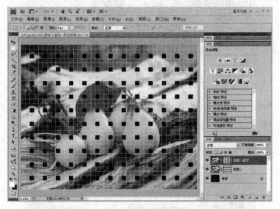

⑪ 单击【查看额外内容】按钮，在弹出的菜单中选择【显示网格】命令，隐藏网格。按住Ctrl键再单击【图层1副本】图层蒙版，载入选区。按住快捷键Ctrl+Shift+Alt再单击【图层1】图层蒙版。

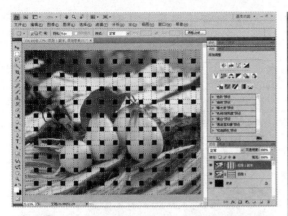

⑫ 按Alt键删减选区。在【图层】面板中选中【图层1副本】图层缩览图，按快捷键Ctrl+J复制选区并生成【图层2】。

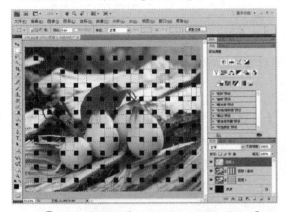

⑬ 选中【图层1】，按住Ctrl键再单击【图层1】图层蒙版，载入选区。按快捷键Ctrl+Shift+Alt再单击【图层1副本】图层蒙版。

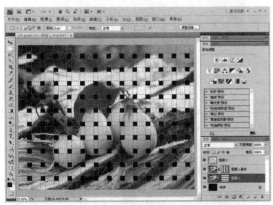

⑭ 按Alt键删减选区。在【图层】面板中按快捷键Ctrl+J复制选区并生成【图层3】。

⑮ 双击【图层3】，打开【图层样式】对话框。选中【外发光】选项，单击【颜

色】按钮，在弹出的【拾色器】对话框中，设置RGB=113、50、37，单击【确定】按钮关闭对话框。返回【图层样式】对话框，在【混合模式】下拉列表中选择【正常】选项，设置【不透明度】为40%，【大小】为25像素，然后单击【确定】按钮。

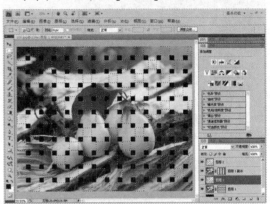

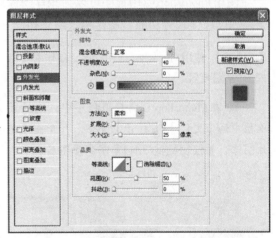

⑯ 选择【图层】|【创建剪贴蒙版】命令，创建剪贴蒙版。在【图层3】图层上右击，在弹出的菜单中选择【拷贝图层样式】命令。

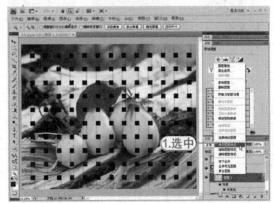

⑰ 在【图层】面板中选中【图层2】图层，右击，在弹出的菜单中选择【拷贝图层样式】命令。

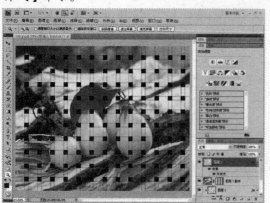

⑱ 选择【图层】|【创建剪贴蒙版】命令，创建剪贴蒙版。

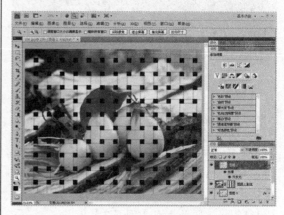

8.8 制作木纹相框

使用Photoshop应用程序可以为相片图像添加具有立体感的边框效果。本例介绍如何使用滤镜和图层样式等功能，制作木纹质感相框。

【例8-8】 使用Photoshop应用程序，制作木纹相框。 ⏺视频+🎁素材

⓵ 在Photoshop CS4应用程序中，选择菜单栏中的【文件】|【打开】命令，打开一幅相片图像，并按快捷键Ctrl+J复制背景图层。

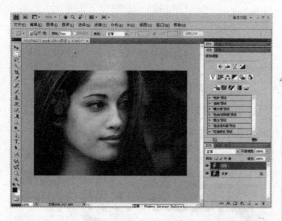

⓶ 选择菜单栏中的【图像】|【调整】|【自然饱和度】命令，打开【自然饱和度】对话框。设置【自然饱和度】为-45，然后单击【确定】按钮。

⓷ 选择【滤镜】|【锐化】|【USM锐化】命令，打开【USM锐化】对话框。设置

【数值】为50%，【半径】为1像素，然后单击【确定】按钮。

04 选择菜单栏中的【图像】|【画布大小】命令，打开【画布大小】对话框。将【宽度】和【高度】框中的数值各增加5厘米，然后单击【确定】按钮。

05 按住Ctrl键再单击【图层1】图层缩览图载入选区，按快捷键Shift+Ctrl+I反选选区。

06 在【图层】面板中，单击【创建新图层】按钮创建【图层2】。打开【颜色】面板，设置RGB=135、80、0，然后按快捷键Alt+Backspace填充选区。

07 选择【滤镜】|【杂色】|【添加杂色】命令，打开【添加杂色】对话框。设置【数量】为10%，然后单击【确定】按钮。

08 选择菜单栏中的【滤镜】|【渲染】|【纤维】命令，打开【纤维】对话框。设置【差异】为15，【强度】为5，然后单击【确定】按钮。

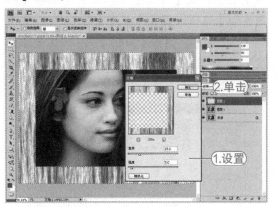

---◀ 专家指点 ▶---

【纤维】滤镜可制作出纤维效果，其颜色受前景色和背景色影响。使用【差异】滑块可控制颜色的变化方式(较低的值会产生较长的颜色条纹效果；而较高的值会产生非常短且颜色分布变化更大的纤维效果)；【强度】滑块控制每根纤维的外观、低设置会产生松散的织物效果，而高设置会产生短的绳状纤维效果。单击【随机化】按钮可更改图案的外观，可多次单击该按钮，直到出现喜欢的图案。当应用【纤维】滤镜时，当前图层上的图像数据会被替换。

⑨ 选择【滤镜】|【渲染】|【纤维】命令，打开【纤维】对话框。设置【差异】为5，【强度】为5，然后单击【确定】按钮。

⑩ 双击【图层2】图层，打开【图层样式】对话框。在对话框中，选中【斜面和浮雕】选项，在【方法】下拉列表中选择【雕刻柔和】选项，设置【深度】为145%，【大小】为8像素，阴影【角度】为120度，【高度】为45度，阴影模式的【不透明度】为60%，然后单击【确定】按钮。

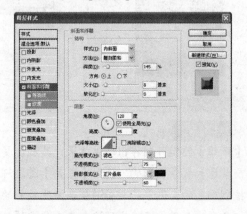

⑪ 打开【调整】面板，在调整列表中单击【色相/饱和度】命令图标，打开设置选项。设置【饱和度】为-30。

⑫ 双击【图层1】图层，打开【图层样式】对话框。在对话框中，选中【内阴影】选项，设置【不透明度】为60%，然后单击【确定】按钮。

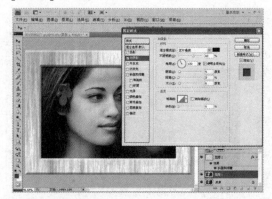

> ◎ 注意事项 ◎
>
> 【内阴影】图层样式可以在图层中的图像边缘内部增加投影效果，使图像产生立体和凹陷的视觉感。

8.9 制作瓷砖效果

使用Photoshop应用程序可以制作出各种图像拼贴效果，本例将介绍应用路径工具和图层样式命令，制作瓷砖拼贴效果。

【例8-9】 使用Photoshop应用程序，制作瓷砖效果。 ◎视频+◎素材

⑴ 在Photoshop CS4应用程序中，选择菜单栏中的【文件】|【打开】命令，打开一幅相片图像，并按快捷键Ctrl+J复制背景图层。

02 在【图层】面板中，单击【创建新图层】按钮，创建【图层2】，并使用白色填充。选择【视图】|【显示】|【网格】命令，显示网格。

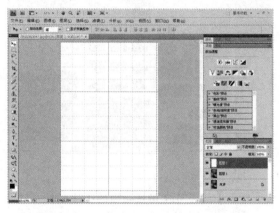

03 选择菜单栏中的【编辑】|【首选项】|【参考线、网格和切片】命令，打开【首选项】对话框。在【网格】选项的【颜色】下拉列表中选择【浅蓝色】，设置【网格线间隔】为150像素，【子网格】为10，然后单击【确定】按钮。

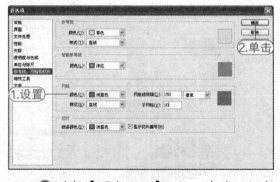

04 选择【圆角矩形】工具，在选项栏中

单击【路径】按钮，设置【半径】为8 px。单击【添加到路径区域】按钮，使用【圆角矩形】工具在图像中根据网格绘制路径。

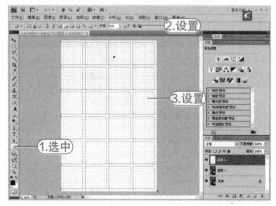

05 打开【路径】面板，单击【将路径作为选区载入】按钮，载入选区。

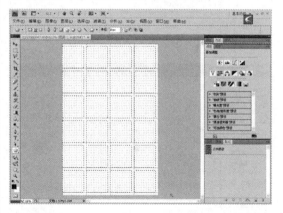

06 在【图层】面板中，选中【图层1】，按快捷键Ctrl+J复制选区内图像并生成【图层3】，然后将【图层3】放置在最顶层。

07 选择【视图】|【显示】|【网格】命令，隐藏网格。双击【图层3】，打开【图层样式】对话框，选中【投影】选项，设置【角度】为135度。

08 选中【描边】选项，设置【大小】为

1像素，在【位置】下拉列表中选择【居中】选项，设置【不透明度】为50%，【颜色】为白色。

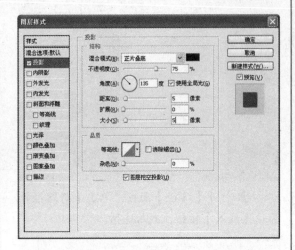

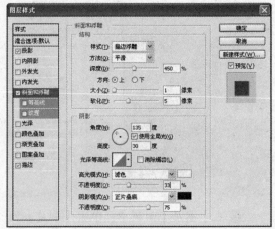

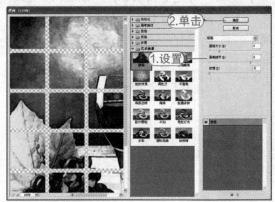

◎**专家指点**

【壁画】滤镜可使用短而圆的小块颜料，以一种粗糙的风格绘制图像，使图像产生古壁画的斑点效果。

⑪ 打开【调整】面板，在调整列表中单击【色相/饱和度】命令图标，打开设置选项，设置【饱和度】为–50。

⑨ 选中【斜面和浮雕】选项，在【样式】下拉列表中选择【描边浮雕】选项，设置【深度】为450%，【大小】为1像素，【软化】为5像素，阴影【不透明度】为33%，然后单击【确定】按钮。

⑩ 选择【滤镜】|【艺术效果】|【壁画】命令，打开【壁画】对话框，设置【画笔大小】为2，【画笔细节】为8，【纹理】为1，然后单击【确定】按钮。

8.10 制作撕纸效果

本例利用滤镜中的波纹制作撕纸效果，利用晶格化制作边缘效果并切换使用快速蒙版和标准编辑模式。

【例8-10】　使用Photoshop应用程序，制作撕纸效果。📹视频+📁素材

01 在 Photoshop CS4 应用程序中，选择菜单栏中的【文件】|【打开】命令，打开一幅相片图像，并按快捷键Ctrl+J两次复制【背景】图层。

02 在【图层】面板中，选中【图层1】图层，按快捷键Ctrl+Backspace使用背景色填充图层。选中【图层1副本】图层。

03 单击【工具】面板中的【以快速蒙版模式编辑】按钮，或直接按下Q键，切换到蒙版编辑模式。选择【画笔】工具，在选项栏中设置【画笔】样式为【尖角300像素】，然后在图像中涂抹。

04 选择【滤镜】|【扭曲】|【波纹】命令，打开【波纹】对话框，设置【数量】为-300%，在【大小】下拉列表中选择【小】选项，然后单击【确定】按钮。

05 单击【工具】面板中的【以标准模式编辑】按钮，然后按Delete键中删除选区内的图像。

⑥ 打开【通道】面板，单击【将选区存储为通道】按钮，保存选区。

⑦ 返回【图层】面板，选择【选择】|【修改】|【扩展】命令，打开【扩展选区】对话框，设置【扩展量】为10像素，然后单击【确定】按钮。

⑧ 单击【工具】面板中的【以快速蒙版模式编辑】按钮，切换到蒙版编辑模式。

⑨ 选择【滤镜】|【像素化】|【晶格化】命令，打开【晶格化】对话框，设置【单元格大小】为10，然后单击【确定】按钮。

⑩ 单击【工具】面板中的【以标准模式编辑】按钮，切换到选区。打开【通道】面板，按住快捷键Ctrl+Alt再单击Alpha1通道缩览图。

⑪ 打开【调整】面板，在调整列表中单击【亮度/对比度】命令图标，打开设置选项，设置【亮度】为55。

⑫ 在【图层】面板中，双击【图层1副本】图层，打开【图层样式】对话框，选中【投影】选项，设置【角度】为10度，【距离】为10像素，【大小】为27像素，然后单击【确定】按钮。

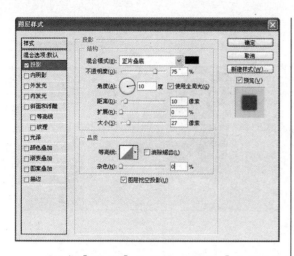

⑬ 在【图层】面板中，选中【亮度/对比度1】和【图层1副本】图层，按快捷键 Ctrl+Alt+E创建【亮度/对比度1(合并)】图层。

⑭ 选中【亮度/对比度1】图层，单击【创建新图层】按钮创建【图层2】，然后选择【滤镜】|【渲染】|【云彩】命令。

⑮ 使用菜单栏中的【滤镜】|【风格化】|【查找边缘】命令。

◯ **专家指点**

【查找边缘】滤镜用于标识图像中有明显过渡的区域并强调边缘。其在白色背景上用深色线条绘制图像内容的边缘，对于在图像周围创建边框非常有用。

⑯ 选择【图像】|【调整】|【色阶】命令，打开【色阶】对话框，设置【输入色阶】为200、1.00、255，然后单击【确定】按钮。

⑰ 选择【滤镜】|【模糊】|【动感模糊】命令，打开【动感模糊】对话框，设置【角度】为90度，【距离】为620像素，然后单击【确定】按钮。

⑱ 打开【调整】面板，在调整列表中单击【色相/饱和度】命令图标，打开设置选项。选中【着色】复选框，设置【色相】为43，【饱和度】为25。

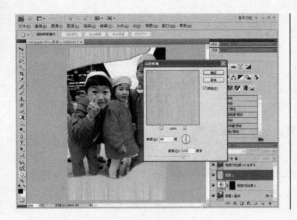

Chapter

09

数码相片输出

在修饰和美化相片后，用户可以通过打印、发布到网上等多种方式和朋友们一起分享和交流。本章主要介绍数码相片图像常用的几种输出方式。其中包括数码相片的打印、数码相片的冲印以及制作数码相片幻灯片等内容。

- 数码相片的打印输出
- 数码相片的冲印输出
- 使用PhotoshopLightroom

Photoshop数码相片处理

数码相片的输出方式很多，最常用的有两种：打印和冲印。对于相片的冲印，大家都不陌生：把编辑完的相片存储到存储器中，然后送到相片冲印中心进行冲洗即可。本节主要讲解如何用自己的喷墨打印机将处理好的数码相片打印出来。

9.1.1 打印纸的选择

使用喷墨打印机输出相片时，打印纸的质量对相片的打印效果影响很大，一般情况下，只有使用相片打印纸才能打印出理想效果。

普通复印纸和普通打印纸也可以用来打印相片，但这类纸的缺点很明显：打印效果差，且不能够长时间保存。使用相片纸质量的喷墨打印纸稍微好一些，但同样存在保存时间短的问题。因此如果要打印相片，建议最好使用专门的相片打印纸。

相片打印纸上有特殊的涂层，因此纸张看起来表面更加有光泽，而且可以快速将颗粒极小的墨水吸收并固化，用其打印出来的相片效果更清晰、色彩更艳丽。相片打印纸质地一般比较硬，在极高的打印分辨率下也不会浸墨，避免了纸张的破损，因此打印效果较好。相片打印纸根据涂料层及纸张介质的不同，可分为光泽相片纸、相片纸、光面纸、厚相片纸等几种。

🔹 光泽相片打印纸是打印相片的首选纸张，它的英文全称为Photo Quality Glossy Film。使用光泽相片纸打印出来的相片表面有一层光泽，具有传统相片的质感。光泽相片纸还具有良好的防潮效果，可以用来打印一些精致的相片或图像。

🔹 相片纸的英文全称为Photo Paper。这种纸表面也具有光泽，能够表现鲜艳的色彩，可以用来打印新年贺卡或是节日相片，也可以用来打印一些印刷品质量的图像，如广告横幅、招贴画和产品目录等。

🔹 光面纸的英文全称为Photo Quality Paper。它的细腻程度比光泽相片纸更高，表面也有一层光泽，不过它相对薄，价格也比较低，适合用来打印对质量要求较高的形象艺术写真。

🔹 厚相片纸的英文全称为Matte Paper-Heavyweight Paper。这种纸张比较厚，价格较高，适合用来打印质量要求较高的工艺制图。

常用的相片打印纸品牌有爱普生、柯达、惠普、宝利来、富士、柯尼卡等。选购相片打印纸时要认准品牌，最好选择与自己打印机相同品牌的产品。

9.1.2 打印自己的数码相片

下面我们以惠普喷墨打印机为例，介绍如何使用喷墨打印机打印已处理好的数码相片。

【例9-1】 在Photoshop应用程序中，设置打印参数。🔹素材

01 打开Photoshop应用程序，选择【文件】|【打开】命令，打开需要打印的相片。

02 设置相片的尺寸，以适应打印纸的幅面尺寸。如想打印一张普通7寸的数码相片，需要在Photoshop中设置打印尺寸。选择【图像】|【图像大小】命令，打开【图像大小】对话框。当前的图像尺寸为2294×1514，打印尺寸为19.57×12.92，分辨率为300像素/英寸。在【文档大小】选项中，设置【宽度】为15厘米，然后单击【确定】按钮。

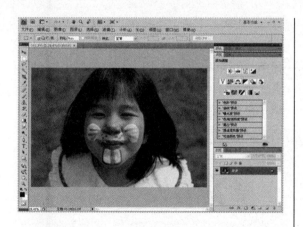

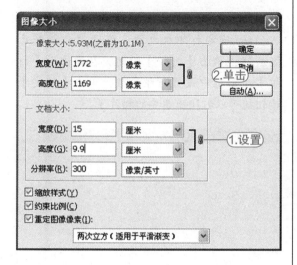

③ 设置打印机，选择【文件】|【页面设置】命令，打开【页面设置】对话框，单击【打印机】按钮，在【名称】下拉列表中选择需要使用的打印机。

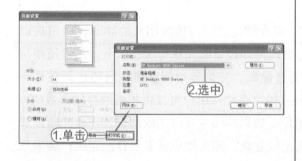

④ 单击【属性】按钮，打开惠普喷墨打印机的【文档属性】对话框。

⑤ 在【文档属性】对话框中，选择【纸张/质量】选项卡，在【纸张选项】中设置尺寸为A4，类型为HP超高级相片纸，在【打印质量】选项中选择【最佳】。

⑥ 单击【打印质量】选项中的【RealLife数字摄影】按钮，打开【HP数字摄影RealLife技术】对话框，进行简单的相片打印前修复。

⑦ 选择【完成】选项卡，在【打印预

览】选项中勾选【显示打印预览】复选框，在【方向】选项中选择【纵向】。

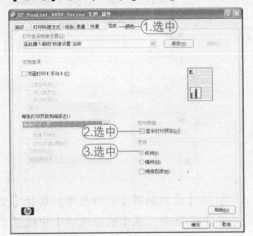

08　选择【颜色】选项卡，单击【高级颜色设置】按钮，在打开的【高级颜色设置】对话框中根据需要进行设置。

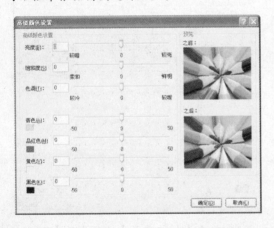

09　单击【确定】按钮，关闭对话框。至此打印设置完毕，可以开始打印相片了。选择菜单栏中的【文件】|【打印预览】命令，在打开的【打印】对话框中可以看到相片在纸张中的位置。

10　确定打印机电源已经开启，纸张已经放好，单击【打印】按钮，在弹出的【打印】对话框中设置打印份数，单击【确定】按钮就可以打印出想要的相片了。

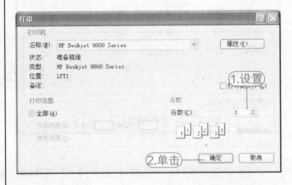

9.2 数码相片的冲印输出

　　随着数码相片的逐渐普及，数码相片的冲印价格也已经与传统相片的冲印价格很接近了。数码冲印就是将数码相片的图像文件通过数码冲印设备曝光在传统相纸上，然后使用与传统相片彩色扩印相同的银盐反应冲洗工艺通过显影、定影等过程获得普通相片。在这一个过程中图像文件取代了传统彩色扩印所使用的相片底片。用户可以将相机的存储卡或CD-ROM光盘等存储介质携带至数码冲扩店冲印相片。数码冲印主要由图像编辑处理和冲印设置两个部分组成。对图像文件的编辑处理，如果比较复杂，那么用户就需要自己完成；如果只是简单的颜色调整与修饰，那么用户可以送至冲印店完成。为了避免图像文件冲印后出现部分相片画面被裁切、四周留有白边、图像画面质量不好等现象出现，用户需在冲印前调整好数码相片图像的长宽比例，并根据图像分辨率选择适合的冲印尺寸等。

9.3 使用Photoshop Lightroom

Adobe Photoshop Lightroom软件是由著名的图像软件公司Adobe发布的、针对专业摄影师人群的图像处理软件。使用Adobe Photoshop Lightroom软件可以快速输入、处理、管理和展示相片。它通过增强的修正工具、强大的组织整理功能以及灵活的列印选项协助用户提高工作效率。而且Photoshop Lightroom软件是一款非破坏性的，无论原始图像文件是RAW、JPEG或是TIFF，它都不会修改其中的任意像素。

9.3.1 Lightroom工作区

在Windows平台中安装Adobe Photoshop Lightroom后，单击【开始】按钮，选择【所有程序】| Adobe Photoshop Lightroom 2命令即可启动该软件。启动完成后，进入Adobe Photoshop Lightroom软件工作区。

工作区由7个部分组成，分别是菜单栏、模块选择面板、左侧面板、右侧面板、观察区域、工具栏和底片夹。

> ◎ 专家指点
>
> 【图库】模块的快捷键是Ctrl+Alt+1，【修改相片】模块的快捷键是Ctrl+Alt+2，【幻灯片放映】模块的快捷键是Ctrl+Alt+3，【打印】模块的快捷键是Ctrl+Alt+4，【Web】模块的快捷键是Ctrl+Alt+5。

Lightroom软件的编辑操作都是基于模块系统的。这些模块排列在工作区右上角的模块选取器中。在模块选取器中单击一个模块

的名称，或使用相应的快捷键，即可进入相应的模块。

【图库】模块：在【图库】模块中，可以利用关键字对对象执行导入、输出、整理、排序、星级评定和标记处理，还可以对任意数量的选中图像执行一些简单的图像处理。

【修改相片】模块：【修改相片】模块包含了Lightroom中非常强大的图像处理功能。【修改相片】模块不仅提供了出色的RAW转换器，而且其中的所有控件都能够处理JPEG或TIFF图像。在【修改相片】模块中对图像所做的任何处理都是非破坏性的。

【幻灯片放映】模块：在【图库】模块中对图像进行组织、编辑和排序，并在修改相片模块中进行处理后，我们也许需要与别人共享这些图像。利用【幻灯片放映】模块可以制作简单的幻灯片：可以利用自定义面板对每张幻灯片进行个性化处理、基于EXIF数据添加文本、根据个人爱好添加自定义文本；另外，还可以添加声音、把幻灯片转换成可以脱机浏览的PDF格式。

【打印】模块：和Lightroom的其他模块一样，【打印】模块也同样适用于处理单个或多个图像。通过对【打印】模块进行自定义设置，可以使用一些比较流行的尺寸和打印配置来打印图像。

【Web】模块：使用【Web】模块可以方便、快捷地创建基于HTML和Flash的Web画廊。其中包含了几种预置模式，也可以轻松地创建自己的预置模式。可以添加基于文本的元数据或图像数据，也可以输入新的文本内容。

胶片显示窗格位于Lightroom工作区的底部，它是所有模块共有的一个部分。胶片显示窗格中包含显示在【图库】模块图像显示区域中全部图像的缩略图，可以直接在胶片显示窗格中重新排列这些图像，从而影响放映、打印和【Web】模块中图像的排序方式。

9.3.2 导入相片

在Photoshop Lightroom应用程序中，不能够像在Photoshop中那样打开图像文件，或是像在Adobe Bridge中那样浏览图像。Lightroom软件首次启动时，工作区内是无任何图像的，必须首先直接从数码相机、磁盘或其他存储设备上，把图像"导入"到Lightroom软件中。在导入时，Lightroom将创建图像预览，并在预览和原图像文件之间创建一个链接。同时，还可以完成几项预设操作，以便以后在Lightroom中整理、编辑、评定和处理图像，提高工作效率。

在Lightroom的【首选项】对话框的【导入】选项卡中，默认是选中【检测到存储卡时显示导入对话框】复选框。当Lightroom软件处于运行状态时，如果检测到有存储卡插入计算机，或者有相机连接到计算机，将自动启动导入操作。

我们也可以不选中【检测到存储卡时显示导入对话框】复选框，而通过选择【文件】|【从设备导入相片】命令，从图像采集设备导入图像。

如果我们要直接从计算机中导入图像，可以单击Lightroom工作区左侧面板中的【导入】按钮，选择菜单栏中的【文件】|【从磁盘导入相片】命令、按快捷键Ctrl+Shift+I打开【导入相片或Lightroom目录】对话框。下面将详细介绍导入图像的操作以及相关选项设置。

【例9-2】 在Photoshop Lightroom应用程序中，导入相片图像。 📁素材

01 启动Adobe Photoshop Lightroom应用程序，在菜单栏中选择【文件】|【从磁盘导入相片】命令。在打开的【导入相片或Lightroom目录】对话框中，按住Ctrl键再单击需要导入的相片，然后单击【选择】按钮。

02 打开【导入相片】对话框，选中对话框底部的【显示预览】复选框，则对话框右侧将显示文件的缩略图。使用预览区下方的滑块，可以调节缩略图的大小。

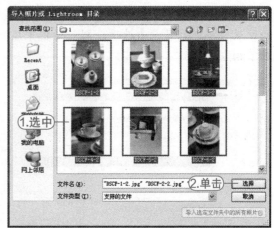

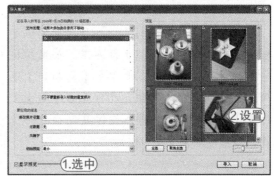

03 在预览区中，可以直接单击缩略图左上角的复选框选中文件或取消选中，也可以使用滑块左侧的【全选】或【取消全选】按钮选择文件。我们这里先单击【取消全选】按钮，然后单击选择我们需要导入的图像。

04 导入图像时要先决定Lightroom在导入时如何处理原图像文件。单击【文件处理】下拉列表，其中有【将相片添加到目录而不移动】、【相片复制到新位置并添加到目录】、【将相片移到新位置并添加到目录】和【将相片复制为数字负片（DNG）格式并添加到目

录】4个选项。这里，我们选择【相片复制到新位置并添加到目录】选项，则对话框中增加了相应的选项。

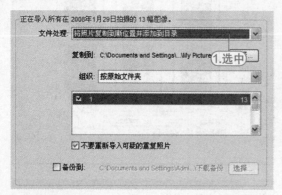

05 默认情况下，Lightroom把这些图像复制到系统的My Pictures文件夹下。如果想把它们保存到其他位置，则单击【复制到】选项右侧的【选择】按钮，在打开的【浏览文件夹】对话框中选择导入图像复制存放的位置，然后单击【确定】按钮。

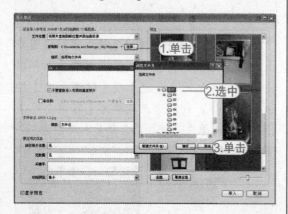

06 单击【组织】下拉列表，修改导入的文件夹名称。选择【到一个文件夹中】选项。

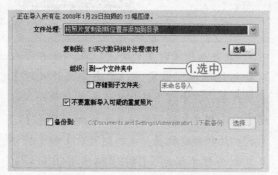

07 选中【存储到子文件夹】复选框，在文本框中输入文件夹名称"静物"。

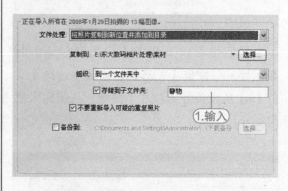

08 在【文件名】选项中，我们可以为相片指定合适的名称，以描述相片的主题或拍摄地点。默认情况下，Lightroom使用文件名模板，它保持相机所赋的文件名不变。要在导入将相片重命名为一个更具描述性的名称，可以从【模板】下拉列表中选择一种内置的命名模板，或创建自定义的文件命名预（在保存后，它将会显示在【模板】下拉列表中）。在【模板】下拉列表中选择【自定名称–序列编号】选项，在【自定文本】文本框中输入"静物"。

> **◎ 注意事项**
>
> 要启用重命名功能，只有在导入时选择复制或移动文件，这时【文件名】选项才可以使用。如果把相片导入到当前位置，则导入的相片将使用它们当前的名称。

09 在【应用信息】选项中我们可以选择多种不同的设置，在导入时它们将被自动应用到相片上。【显影设置】选项让我们可以应用在【显影】模块中创建的不同内置色调。如我们要将导入的相片转换成黑白相片，可以选择内置的【创意–黑白对比(高)】选项，则在导入时，相片将被自动转换为黑白相片。

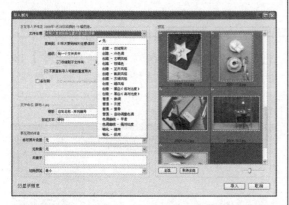

⑩ 【元数据】选项将版权信息、联系信息、使用权限、说明以及其他大量的信息嵌入到导入的每一幅相片内。

⑪ 在【元数据】下拉列表中选择【新建】选项，打开空白的【新建元数据预设】对话框。首先单击【无选择】按钮，这样当我们在Lightroom内查看该元数据时，不会显示空白字段，而只显示有数据的字段。在【预置名】文本框中输入我们所需的名称。然后，选中【IPTC版权信息】选项中的【版权信息】、【关于版权】和【使用权条款】选项，输入版权信息。

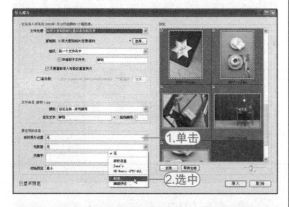

⑫ 对话框底部的【关键词】文本框是相片处理工作流程中的一个重要步骤。在该文本框内输入的文字将被嵌入到相片信息内，这有助于在以后搜索某一类型相片时使用。每个关键词之间使用逗号分隔，我们在文本框中输入"家居，静物"，然后单击【创建】按钮返回【导入相片】对话框。

⑬ 在【应用信息】选项中还有一个【初始预览】选项，可以让我们选择预览缩略图的质量。默认选项是【最小】。更改选项会影响到Lightroom的图像渲染速度，这里不作修改。

⑭ 设置完成后单击【导入图片】对话框中的【导入】按钮，即可将选中的相片按照设置复制并导入到Lightroom中。导入后的相片显示在【图库】模块的网格视图中。我们可以从左侧面板的【文件夹】窗格中看到导入图像所在的文件夹，缩略图右下角的标记说明这些相片至少指定了一个关键词。

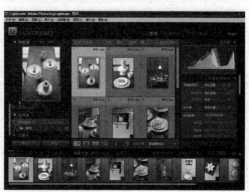

9.3.3 使用Lightroom处理相片

Photoshop Lightroom软件作为专业的相片图像处理软件具有强大的相片修复处理功能，并且有大量的预设功能简化操作的过程。

在【修改相片】模块中可以进行图像处理，其中包含大量高级、易用的色调和色彩显示控件以及去除或修改图像缺陷的裁剪、角度校正和润饰工具。利用这些工具可以制作出独特风格效果，将其保存为预设后，还可以应用于其他图像。

【例9-3】 在Photoshop Lightroom应用程序中，处理相片效果。💿素材

⓵ 启动Adobe Photoshop Lightroom应用程序，在【图库】模块的底片夹中单击选中需要处理的相片图像。

⓶ 在模块选择器中，单击并打开【修改相片】模块。

⓷ 在【修改相片】模块的底片夹中，选择我们需要处理的相片，然后按F6键隐藏底片夹，按F7键隐藏左侧面板。在工具栏中，单击【切换各种修改前和修改后视图】按钮，在弹出的菜单中选择【修改前/修改后 左/右】选项，进入比较视图。

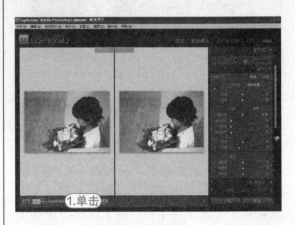

⓸ 在右侧的【基本】窗格中，单击【白平衡】下拉列表中的【自动】选项。我们可以从【修改后】视图中看出，使用【自动】选项基本可以解决使用相机拍摄时受光源影响造成的偏色问题。

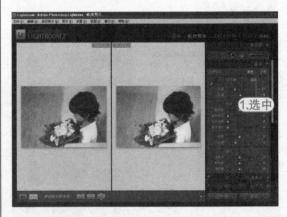

⓹ 展开【HSL/颜色/灰度】窗格，根据相片中色彩的情况，按住Ctrl键再单击【红色】、【黄色】和【绿色】色标，显示其选项。将【红色】的【色相】滑块拖动至90，以降低图像中的红色；将【黄色】的【饱和度】滑块拖动至-25；将【绿色】的【饱和度】滑块拖动至-20，调整相片中的色彩。

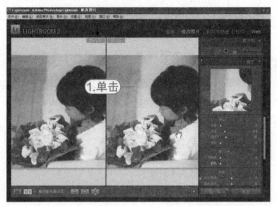

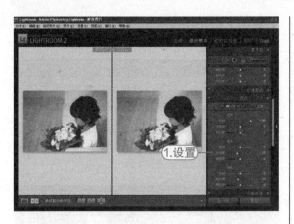

06 打开左侧面板，单击【快照】窗格右上角的+号，并在【新建快照】文本框中输入【偏色校正】，然后单击【创建】按钮，在【快照】窗格中新建快照。

07 再次隐藏左侧面板，打开右侧面板中的【暗角】窗格，其中的【镜头校正】控件组有两个滑块：【数量】滑块控制边缘区域的变亮程度，【中点】滑块调整角部变亮效果延展到相片中心位置的距离。拖动【数量】滑块，并注意观察图像四角的变亮情况。向左拖动滑块可以制作相片暗角效果。

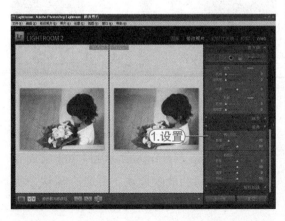

08 展开【细节】窗格，单击相片，放大图像，以便观察效果。

09 使用【锐化】控件中的【数量】滑块控制边缘处的对比度值，【半径】滑块控制边缘的宽度。【细节】滑块的工作方式类似于【半径】滑块，不过它处理的边缘像素的细节。【遮罩】滑块仅仅是创建一个遮罩，控制应用锐化效果的区域。

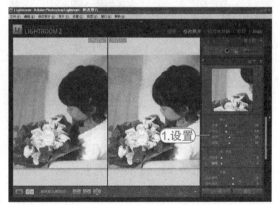

10 在完成编辑后，再次打开左侧面板，选择【预设】窗格，单击【预设】窗格右上角的+号，打开【新建修改相片预设】对话框。

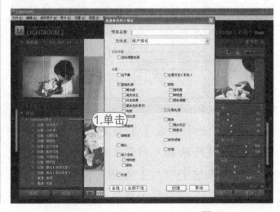

⑪ 在【新建修改相片预设】对话框中，单击【全选】按钮，在【预设名称】文本框中输入【偏色相片处理】，并在【文件夹】下拉列表中选择【用户预设】。然后选中我们做过调整的【操作】复选框，单击【创建】按钮将【修改相片】的设置保存为预设，以便再次使用。

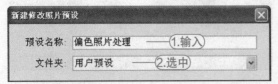

⑫ 单击【放大视图】按钮，在左侧面板的【快照】窗格中，单击【偏色校正】快照。

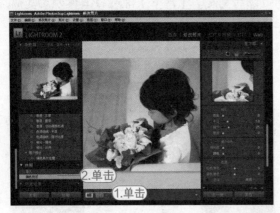

⑬ 展开右侧的【分离色调】窗格，设置高光【色相】为54、【饱和度】为40，阴影【色相】为267。

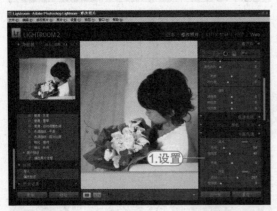

⑭ 单击【预设】窗格右上角的+号，打开【新建修改相片预设】对话框。在【预设名称】选项中输入【暖调效果】，然后在选中我们做过调整的【操作】复选框，单击

【创建】按钮可以将【修改相片】的设置保存为预设。

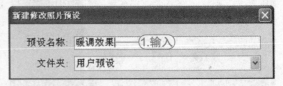

⑮ 按F6键打开底片夹，单击需要处理的相片。

⑯ 在左侧的【预设】窗格中，单击选择【用户预设】文件夹中的【偏色相片处理】预设，即可对选中的相片应用先前保存的设置。

9.3.4 制作幻灯片

Photoshop Lightroom应用程序非常周到的设计了专门的放映模块，并且在模块中提供了多种预置的幻灯片模板样式。使用预置模板，我们只要轻松地点击一下鼠标，就可以实现我们需要的幻灯片样式。除此之外，

用户还可以创建自定义效果的幻灯片。

【例9-4】 在Photoshop Lightroom应用程序中，制作幻灯片。 🖲素材

⓵ 启动Adobe Photoshop Lightroom应用程序，在菜单栏中选择【文件】|【从磁盘导入相片】命令，按住Ctrl键再单击需要导入的相片，然后单击【选择】按钮。

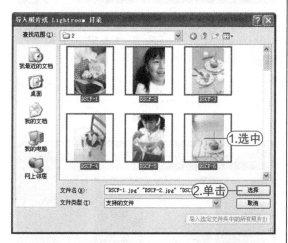

⓶ 正在打开的【导入相片】对话框的【文件处理】下拉列表中选择【将相片添加到目录而不移动】选项，然后单击【导入】按钮。

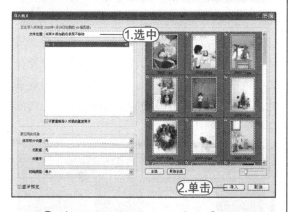

⓷ 在模块选择器中，单击【幻灯片放映】模块，按住Ctrl键再在底片夹中单击选择要放置到幻灯片中的相片，然后在左侧面板的【模板】窗格中选择【Exif数据】模板，载入Lightroom预置的幻灯片演示效果。

⓸ 按F7键隐藏左侧面板区域，再按F6键隐藏底片夹，以获得更大的预览区域和整洁的界面。在右侧面板的【布局】窗格中，选中【显示参考线】复选框。

⓹ 在观察区域中，单击并向内拖动页边距参考线，相片就会按照固定比例向内收缩。我们也可以直接向外拖动页边距参考线，放大相片。

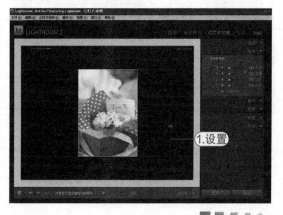

◖ 专家指点 ◗
如果发现相片边缘和页边距参考线之间有些间隙，则可以选中【选项】窗格中的【缩放以填充整个框】复选框，以填充该间隙。

⑥ 返回【布局】窗格，关闭【链接全部】复选框，这时可以自由拖动参考线滑块调整相片在模板中的位置。这里，我们向左拖动【上】滑块，使相片移向更靠近顶部的位置。

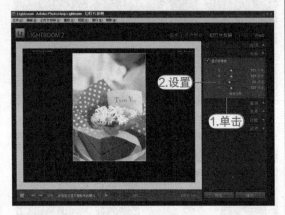

⑦ 按快捷键Ctrl+Shift+H隐藏页边距网格。这时可以看到幻灯片中显示着相片拍摄日期、身份标识等文字。要隐藏文字内容，可以在【叠加】窗格中，取消【叠加文本】复选框。

⑧ 如果我们要在幻灯片中添加些文字，可以直接单击工具栏中的【向幻灯片添加文本】按钮ABC，然后在显示的自定文本框中输入文字内容，并按Enter键应用到幻灯片中。

⑨ 因为使用【向幻灯片添加文本】，Lightroom应用程序又自动选中了【叠加】窗格中的【叠加文本】复选框，相片下方又出现了文本定位字符。要删除它，只要直接选中相片下方的文件名称，然后按Delete键即可。

⑩ 将幻灯片中的文字拖动到幻灯片的中间位置。要调整输入文字的尺寸，可将鼠标放置在文字边框的任一控制点上，当光标变为双向箭头时，按住鼠标并向外拖动将使文字变大，向内拖动将使文字变小。

⑪ 我们还可以在【叠加】窗格的【字体】下拉列表中选择字体，在【样式】下拉列表中选择字型。这里在【字体】下拉列表中选择Action Jackson字体。

⑫ 拖动【叠加文本】复选框下的【不透明度】滑块可以改变文字的不透明度。本例我们向左拖动【不透明度】滑块，降低文本的不透明度。

⑬ 单击【叠加文本】复选框右侧的色标，打开颜色选取器。使用【吸管】工具在其中选择一种颜色，然后关闭该选取器改变输入文本的颜色。完成所有的文字编辑后，在文本框外单击，锁定文本。

⑭ 单击【向幻灯片添加文本】按钮，打开【自定文本】文本框。单击【自定文本】字样右侧的箭头按钮，弹出一个下拉列表，其中有【文件名】、【日期】、【曝光度】、【标题】、【相机数据】、【说明】、【连续编号】等选项。选择【编辑】选项后，我们就可以创建自定文本。

⑮ 选择【编辑】选项，打开【文本模板编辑器】对话框。在对话框中，可以直接在顶部的文本框中输入信息内容，或者在下拉列表中选择我们想要显示的信息内容。这里我们直接输入一段文本内容。

⑯ 输入完成后，在【预设】下拉列表中选择【将当前设置存储为新预设】命令。

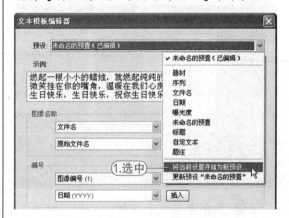

⑰ 在打开的【新建预置】对话框中输入

自定文本的名称【生日歌】，单击【创建】按钮，然后单击【文本编辑】对话框中的【完成】按钮。

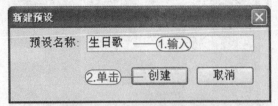

⑱ 这样我们输入的文本就显示在幻灯片中了。这时单击【自定文本】选项，在弹出的下拉列表中就能够看到我们预设的自定文本名称。

⑲ 将鼠标放置在文本边框的任一控制点上，当光标变为双向箭头时，按住鼠标并向内拖动以缩小文字内容，并将其放置在相片的底部。然后单击【叠加文本】复选框右侧的色标，打开颜色选取器，使用【吸管】工具选择一种颜色以改变文本颜色。

⑳ 展开【背景】窗格，我们可以看到【渐变色】和【背景色】复选框的右侧都有

一个色标图标。在选中【渐变色】复选框时，Lightroom使用【渐变色】复选框右侧色标中的颜色对【背景色】复选框右侧色标中的颜色进行渐变。这就是说，我们只要单击这两个色标，在打开的颜色选取器中选择一种颜色，就可以改变幻灯片中的背景渐变效果。

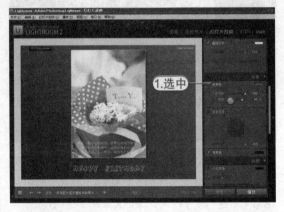

◖ 专家指点 ◗

如果不选中【背景】窗格中的【渐变色】复选框，那么Lightroom将使用【背景色】右侧色标中的颜色作为背景色。

㉑ 选中【渐变色】复选框，单击【渐变色】右侧的色标，打开颜色选取器，然后使用【吸管】工具在颜色选取器中选择一种颜色以改变渐变效果。

㉒ 【渐变色】复选框下方的【不透明度】滑块可以控制背景渐变的不透明度，【角度】滑块可以调整渐变的角度。这里，我们向左拖动【不透明度】滑块至75%，拖

动【角度】滑块至90°

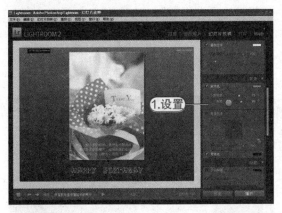

标识图像文件，然后单击【选择】按钮。

◖注意事项◗

Lightroom 软件有一项非常与众不同的功能，就是通过自定义面板把左上角的 Adobe Photoshop Lightroom 的标志替换为我们所想要的名称或图片内容。身份标识不仅增强了版面的美观性，而且还具有非常实际的用途。身份标识也可以用于幻灯片、Web画廊和打印图像。选择【编辑】|【设置身份标识】命令，打开【身份标识编辑器】对话框，选中【使用样式文本身份标识】单选按钮，即可以使用输入的任意文字内容作为身份标识，并且可以设置字体样式。

㉕ 单击【自定】下拉列表，选择【另存为】选项，将当前设置存储为预设身份标识。

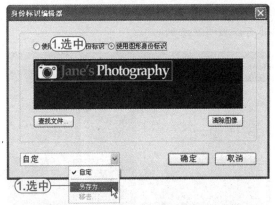

㉖ 在打开的【将身份标识另存为…】对话框的【名称】文本框中输入Jane's，然后单击【存储】按钮，再单击【身份标识编辑器】对话框中的【确定】按钮应用。

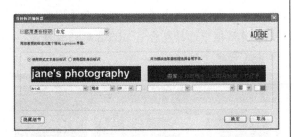

㉓ 返回【叠加】窗格，选中【身份标识】复选框。在身份标识预览窗口中单击向下的三角箭头打开下拉列表，选择【编辑】选项。

㉔ 在打开的【身份标识编辑器】对话框中，单击【查找文件】按钮，打开【查找文件】对话框。在对话框中，选择我们预先制作的身份

㉗ 选中新添加的身份标识，将其放大

并调整位置。可以拖动【身份标识】复选框下方的【比例】滑块改变幻灯片中标识的大小，也可以拖动【不透明度】滑块改变标识的不透明度。这里，我们向左拖动【不透明度】滑块至80%，降低身份标识的不透明度。

用于控制投影的柔和程度，【角度】滑块使我们可以选择光线来自哪个方向。我们拖动【不透明度】滑块至63%，拖动【位移】滑块至30像素，拖动【半径】滑块至20像素，拖动【角度】滑块至-45度，调整相片投影效果。

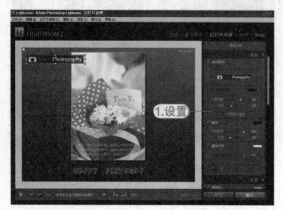

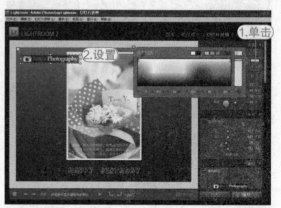

㉘ 在幻灯片中，相片的周围有一个很细的白色边框。展开顶部的【选项】窗格，不选中【图像边框】复选框，可以取消边框，拖动【图像边框】复选框下的【宽度】滑块，可以调整相片的边框宽度。这里，我们向右拖动【宽度】滑块，增加边框宽度，使其可以被明显看到。

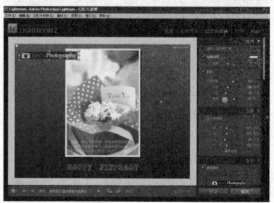

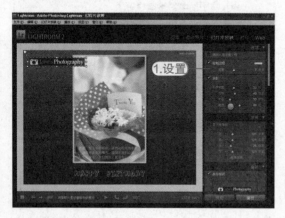

㉛ 展开右侧面板底部的【回放】窗格，并选中【音轨】复选框。单击下方的【点击这里选择音乐文件夹】键接，在打开【浏览文件夹】对话框中选择包含有MP3音乐的文件夹，单击【确定】按钮。

㉙ 单击【图像边框】复选框右侧的色标，打开颜色选取器，使用【吸管】工具选择一种颜色以改变图像边框颜色。

㉚ 展开【选项】窗格，其中的【使用阴影】复选框可以为相片添加投影效果，它下面的4个滑块用来控制投影的效果；【偏移】滑块用来调整投影显示多远；【半径】滑块

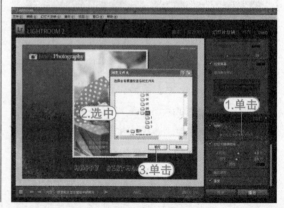

㉜ 这时，单击工具栏中的【预览幻灯片】按钮，就可以在播放幻灯片的同时播放背景音乐。

㉝ 【播放】窗格下面有一组控制幻灯片播放的选项。【随机顺序】复选框和【重复】复选框用于控制幻灯片演示的顺序，默认为循环播放。【间隔时间】复选框及下面的滑块用于控制幻灯片演示的时间。选中【间隔时间】复选框，拖动【幻灯片】滑块，即可确定每张幻灯片在屏幕上停留的时间。【过场】滑块用于确定两张幻灯片之间过渡的持续时间。

㉞ 选中【过场】滑块下方的【颜色】复选框，可以在两张幻灯片播放过场中添加过渡颜色。单击右侧的色标图标，可以在打开的颜色选取器中选择一种过渡颜色。

㉟ 选择【播放】|【使用相片】|【已选定的相片】命令，然后单击右侧面板底部的【播放】按钮，在全屏模式下观察定制的幻灯片的最终演示效果。

㊱ 在制作好幻灯片以后，单击左侧面板底部的【导出为PDF】按钮，或是在菜单中选择【幻灯片放映】|【导出为PDF幻灯片放映】命令，打开【将幻灯片导出为PDF格式】对话框。

㊲ 在这个对话框的底部，我们可以设置图像的品质和尺寸。如果选中【全屏模式－自动显示】复选框，那么幻灯片将自动以全屏模式显示。设置完输出图像的品质和尺寸后，在【保存在】下拉列表中选择我们保存PDF文件

的位置，在【文件名】文本框中输入导出PDF文件的名称【生日】，然后单击【保存】按钮，即可将幻灯片以PDF格式输出。

注意事项

【将幻灯片导出为PDF格式】对话框的底部有一段文本【注意：Adobe Acrobat的换片速度是固定的。】这句话的意思：在Lightroom中设置的间隔时间或转场方式都会被PDF忽略掉。另外，添加到幻灯片中的音乐也不会输出。

❸❽ 我们打开刚才保存PDF文件的文件夹，这时，如果你安装了Adobe Acrobat Reader或Adobe Acrobat软件，那么双击保存的PDF文件就可以观看PDF格式的幻灯片效果了。

9.3.5 制作Web画廊

我们通过选择模板，定制画廊样式相当简单。但如果你不满足于此，我们还可以通过Lightroom中的实时编辑功能和有众多选项的窗格创建出基于HTML的和基于Flash的漂亮的Web画廊，即使没有什么Web设计经验，也能够在短时间内完成。

【例9-5】 在Photoshop Lightroom应用程序中，制作Web画廊。

❶ 启动Adobe Photoshop Lightroom应用程序，在菜单栏中选择【文件】|【从磁盘导入相片】命令。在打开的【导入相片或Lightroom目录】对话框中，按住Ctrl键再单击需要导入的相片，然后单击【选择】按钮。

❷ 在打开的【导入相片】对话框的【文件处理】下拉列表中选择【将相片添加到目录而不移动】选项，然后单击【导入】按钮。

❸ 在模板选择器中，单击打开【Web】模块。在【模板】窗格中选择【白纸】模板。

❹ 按F7键隐藏左侧面板区域，按F6键隐藏底片夹，以提供更大的观察区域进行操作。

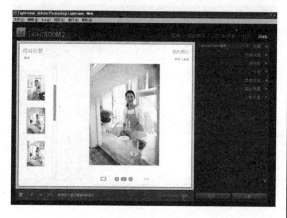

05 要修改在页面上显示的文字，只要直接在文字上单击，使它突出显示后就可以输入新的文字内容，之后按Enter键应用修改。单击观察区域中的"我的相片"，输入"May的厨房日记"，并按Enter键应用。这时我们可以看到【网站信息】窗格中【收藏夹标题】的内容也发生了相应的变化。

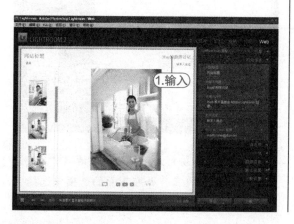

◖专家指点◗

在右侧面板的【网站信息】窗格中也可以修改页面上的文字内容，但在页面上直接修改更加简单、直观。我们输入的文字内容将实时更新在【网站信息】窗格内。

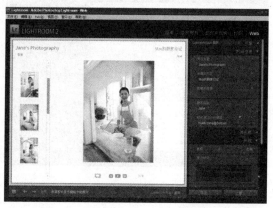

06 在【外观】窗格中，我们可以为Web画廊选择不同的版面。单击【布局】选项右侧的下拉列表，这是个基于Flash的画廊，默认版面是【左侧】，即缩略图位于左侧。在下拉列表中还可以选择【滚动】、【分页】和【仅幻灯片放映】选项。这里选择【滚动】选项，这时可以看到版面中所有缩略图显示在底部，预览位于其上方。

07 除了可以移动缩略图的位置外，我们还可以从【外观】窗格中选择它们的大小和品质。单击【大图像】下的【大小】下拉列表可以控制单击缩略图时显示的预览相片

的大小。单击【缩览图】下的【大小】下拉列表可以选择缩略图的大小。这里，我们在【缩略图】的【大小】下拉列表中选择【中】。

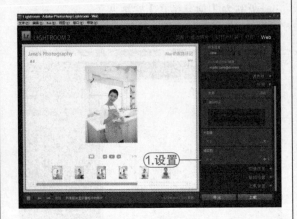

◎ 注意事项 ◎

选中【仅幻灯片放映】选项，它将在版面中隐藏缩略图，为相片提供最大的图像尺寸。选中【分页】选项，它将按行放置小的静态缩略图。

08 返回【调色板】窗格，其用于改变Web画廊页面或文本的颜色。单击我们想要修改的区域旁的色标，再打开颜色选取器，从中选择我们想要的颜色，这里单击【页眉】色标，打开颜色选取器，用【吸管】工具选择我们需要的颜色并应用。然后单击颜色选取器左上角的【关闭】按钮。

09 使用步骤8中介绍的方法，再分别单击【菜单】色标和【页眉文本】色标，在打开的颜色选取器中选择我们中意的颜色来丰富画廊的样式效果。

10 在【外观】窗格中，选中【身份标识】复选框。单击在身份标识预览窗口右下角的三角图标，打开一个下拉列表，其中列出已经保存的身份标识。我们选择【编辑】选项，打开【身份标识编辑器】对话框。

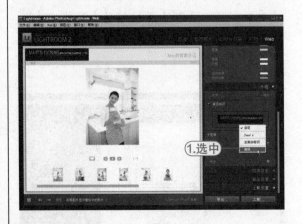

11 在【身份标识编辑器】对话框中，我们输入新的文字内容，并在下面的选项中选择字体、样式、大小和字体颜色。

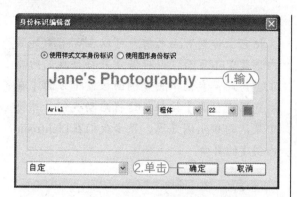

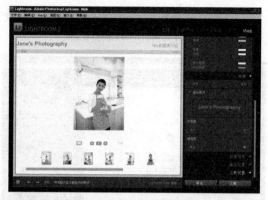

⑫ 为了便于下次再使用，我们单击【定制】下拉列表，选择【另存为】选项。

⑬ 在打开的【将身份标识另存为…】对话框的【名称】文本框中输入保存文件的名称"英文标识"，然后单击【存储】按钮关闭对话框。

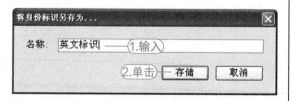

⑭ 单击【确定】按钮关闭【身份标识编辑器】对话框。这时画廊中将应用我们设置的身份标识效果。

⑮ 在【图像信息】窗格中，我们可以在预览相片下添加两种文字，即标题和说明。我们可以从下拉列表中选择显示哪种文字内容。然后在【标题】下拉列表中选择【编辑】选项，打开【文本模板编辑器】对话框。

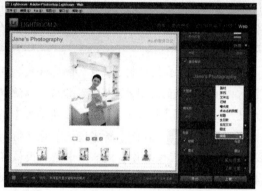

⑯ 在【文本模板编辑器】对话框中，删除标题字段，然后单击【文件名】和【尺寸】选项旁的【插入】按钮，最后单击【完成】按钮关闭【文本编辑】对话框。这时大图像的下方会显示我们所设定的标题信息。

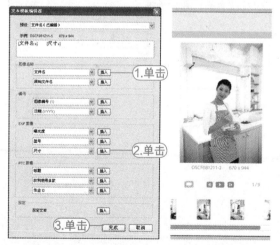

⑰ 在【说明】下拉列表中选择【自定文本】选项，可以在【自定文本】框中输入说明的内容，并按Enter键应用到模板中。这时我们可以看到说明文字显示在了标题文字的

下方。说明信息的缺点是：完全相同的文件会显示在画廊内的每一幅相片下方。

⑱ 现在，我们定制了满意的画廊样式。我们可以把这个新的定制方案保存为模板，以便以后使用。在左侧【模板】窗格的右上角单击【新建预置】按钮➕，打开【新建模板】对话框。在对话框的【模板名称】文本框中输入模板名称，然后单击【创建】按钮。这时，我们新建模板的名称就会出现在【模板】窗格列表的【用户模板】列表中。

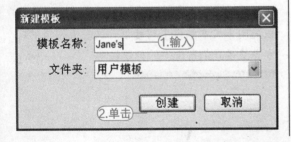

⑲ 我们已经完成基于Flash的Web画廊，在把它上传到Web之前，可以在Web浏览器内预览Web页面，以确保效果符合我们的要求。为此，我们单击左侧面板最下方的【在浏览器中预览】按钮，这将启动我们计算机中默认的Web浏览器，显示我们在Lightroom内创建的页面。

光盘使用说明

光盘内容及操作方法

本光盘为《轻松学》丛书的配套多媒体教学光盘，光盘中的内容包括书中实例视频、素材和源文件以及模拟练习。光盘通过模拟老师和学生教学情节，详细讲解电脑以及各种应用软件的使用方法和技巧。此外，本光盘附赠大量学习资料，其中包括3~4套与本书教学内容相关的多媒体教学演示视频。

将DVD光盘放入DVD光驱，几秒钟后光盘将自动运行。如果光盘没有自动运行，可双击桌面上的【我的电脑】图标，在打开的窗口中双击DVD光驱所在盘符，或者右击该盘符，在弹出的快捷菜单中选择【自动播放】命令，即可启动光盘进入多媒体互动教学光盘主界面。

光盘运行环境

★ 赛扬1.0GHz以上CPU
★ 256MB以上内存
★ 500MB以上硬盘空间
★ Windows XP/Vista/7操作系统
★ 屏幕分辨率1024×768以上
★ 8倍速以上的DVD光驱

阅读丛书与本书介绍　载入以前的学习进度　进入模拟练习操作模式　打开赠送的学习资料文件夹　进入普通视频教学模式　退出光盘学习　光盘自动播放演示　打开素材文件夹

普通视频教学模式

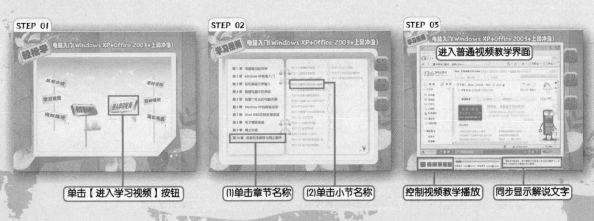

STEP 01　单击【进入学习视频】按钮

STEP 02　(1)单击章节名称　(2)单击小节名称

STEP 03　控制视频教学播放　同步显示解说文字

光盘使用说明

模拟练习操作模式

STEP 01
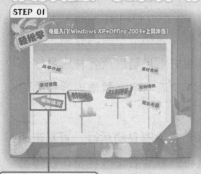
单击【模拟练习】按钮

STEP 02

(1) 单击章节名称　(2) 单击小节名称

STEP 03

在练习界面中根据提示进行操作

学习进度查看模式

STEP 01

单击【学习进度】按钮

STEP 02
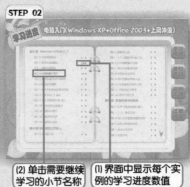
(2) 单击需要继续学习的小节名称　(1) 界面中显示每个实例的学习进度数值

STEP 03

此时从上次结束部分继续学习

自动播放演示模式

STEP 01
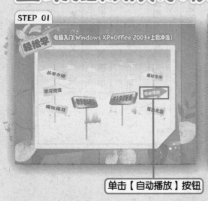
单击【自动播放】按钮

STEP 02

进入自动播放视频教学界面，用户无需动手操作，系统将播放整张光盘

> 在播放视频动画时，单击播放界面右侧的【模拟练习】、【学习进度】和【返回主页】按钮，即可快速执行相应的操作。

光盘播放控制按钮说明

视频播放控制进度条

背景音乐　　解说音乐

颜色质量用于设置屏幕中显示颜色的数量，颜色的数量越多，效果就越逼真。

播放　上一节　后退　暂停　快进　下一节

控制背景和解说音量大小

文字解说提示框